TRAITÉ

DES

MALADIES DES ARBRES FRUITIERS

ET DES MOYENS DE LES PRÉVENIR ET DE LES GUÉRIR

PAR

FERDINAND RUBENS

Professeur d'arboriculture et directeur de la Société d'Economie rurale de la Prusse rhénane,

TRADUIT DE L'ALLEMAND ET AUGMENTÉ D'OBSERVATIONS

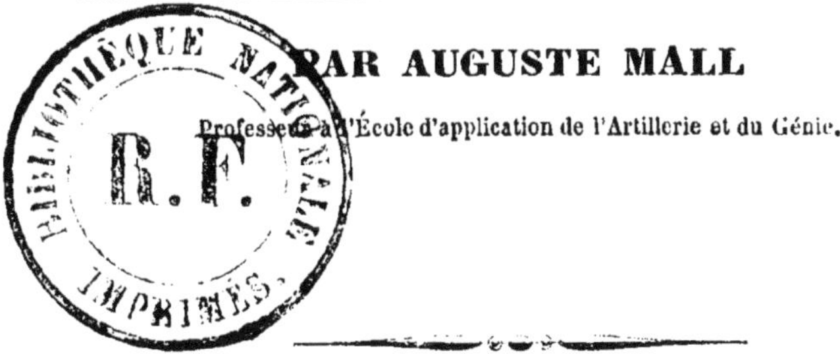

PAR AUGUSTE MALL

Professeur à l'École d'application de l'Artillerie et du Génie.

PARIS

LIBRAIRIE AGRICOLE DE LA MAISON RUSTIQUE

Rue Jacob, 26.

METZ

Madame HARMAND, rue du Grand-Cerf, 12.

1848

INTRODUCTION.

Frappé de l'état de souffrance et d'abandon où se trouvent presque partout les arbres fruitiers, m'occupant d'horticulture depuis ma jeunesse dans les moments de loisir que me laissent mes leçons et mes études, j'ai cru devoir publier le fruit de mes observations et de mes recherches sur les causes des maladies des arbres à fruits. J'ai trouvé un auteur allemand qui a traité cette partie si intéressante de l'horticulture plus explicitement que nos écrivains français ; je n'ai pas hésité à le traduire, en ajoutant mes propres observations aux siennes toutes les fois que je les ai jugées utiles. J'espère donc que ce Traité sera bien accueilli des propriétaires qui aiment à s'occuper eux-mêmes de leurs arbres ; des jardiniers de profession, qui y trouveront des conseils et des recettes sanctionnés par l'expérience ; des desservants et des instituteurs primaires des campagnes, qui pourront, à l'aide de ce guide, inspirer aux enfants qu'ils dirigent de l'intérêt pour les arbres fruitiers, faire naître en eux le désir d'en planter, et de soigner ceux qu'un motif quelconque fait abandonner ou négliger.

Quelle satisfaction pour un instituteur si, en se promenant dans les vergers où autrefois les arbres végétaient tristement, couverts de gui ou de mousse, il peut se dire : Tout a changé de face depuis que j'ai commencé à m'intéresser à ces plantations autrefois si délaissées. Aujourd'hui les vieux arbres sont rajeunis, les jeunes poussent plus vigoureusement, et les nouvelles plantations se font avec plus de soin. Autrefois on ne connaissait dans notre village ni la greffe, ni la taille; maintenant on est familiarisé avec ces pratiques. Autrefois on ne s'occupait des arbres que pour cueillir leurs fruits, lorsqu'ils en portaient; aujourd'hui la plupart des habitants préfèrent passer dans leur verger les heures qu'ils perdaient autrefois au cabaret.

Amener un changement pareil, surtout à la campagne, où les habitudes sont enracinées, c'est une tâche difficile sans doute, mais non impossible; il est beau du moins de la tenter.

Faire ainsi du bien à de nombreuses populations; leur faciliter les moyens de se procurer, à eux et à leurs enfants, des fruits sains et de bonne qualité; contribuer à répandre les bonnes espèces dans les villages où elles sont encore si rares, ce sont là des actions dignes d'un pasteur et d'un instituteur, et qui devront leur attirer la reconnaissance publique.

En Allemagne, les hommes les plus éminents s'occupent de cette œuvre si utile; des membres du haut clergé, des professeurs célèbres ne dédaignent pas de s'occuper d'arboriculture et de l'encourager par tous les moyens qui sont à leur disposition. Le savant professeur Pohl dit, dans ses *Archives d'Economie rurale*, « que, partout où « la culture des arbres fruitiers ne forme pas une « des principales branches de l'économie rurale, « partout où elle n'est pas devenue une occupa- « tion favorite, les populations se trouvent encore « à un degré inférieur de civilisation, et que le « zèle plus ou moins grand avec lequel on s'oc- « cupe de la culture des arbres à fruits est la « mesure d'après laquelle on peut juger de l'état « agricole d'une contrée. »

Notre Traité ne parlant ni de la taille ni de la greffe, je renvoie sur ce point mes lecteurs aux ouvrages qui se sont occupés de cette partie, surtout au tome V de la *Maison Rustique du XIX*e *siècle* et au *Bon Jardinier.*

Je ne puis terminer sans payer ici un tribut de reconnaissance à la mémoire de l'homme [1] qui, dès l'âge de douze ans, a su m'inspirer par ses leçons l'amour des arbres fruitiers, et par suite de l'horticulture, et sans adresser mes remerciements sincères à tous ceux qui, par leurs conseils ou leurs ouvrages, ont contribué à augmenter mes connaissances dans un art que le public n'apprécie pas encore à sa juste valeur.

(1) Jean-Henri Rumpel, receveur des finances du prince de Nassau, qui, lors de l'invasion de 1815, vint se fixer chez mes parents, à Westhofen (Bas-Rhin), village bien connu en Alsace par son commerce de fruits de toute espèce et son excellent vin blanc dit *Riesling.*

CHAPITRE Ier.

Origine des Maladies des Arbres.

La cause la plus éloignée de la maladie d'un arbre, la vieillesse exceptée, doit être recherchée presque toujours en dehors de lui et rarement dans son organisation ; car un arbre rabougri ou contrefait n'est arrivé à cet état que par une cause extérieure. La maladie, c'est-à-dire l'altération des parties solides ou liquides, n'est qu'une conséquence de cette cause première.

Nous allons passer en revue les principales causes de l'état maladif des arbres.

§ Ier. — TERRAIN CONTRAIRE.

Lorsqu'un arbre est transplanté d'une pépinière grasse ou amendée dans un sol maigre ou appauvri, ses racines ne trouvent plus leur nourriture habituelle ; alors l'affluence de la sève se ralentit ou s'arrête tout à fait ; la sève elle-même s'aigrit, devient corrosive ; et l'on voit apparaître divers symptômes maladifs qui sont le prélude de la mort de l'arbre, si on ne lui apporte un prompt secours. Le pommier et le poirier ne peuvent prospérer dans un terrain marécageux ; ils languissent pendant quelque temps, puis dépérissent et meurent. On ne peut arrêter le progrès du mal qu'en les transplantant dans un sol qui leur convienne mieux [1].

§ II. — TRAITEMENT VICIEUX.

Bien souvent le mode de plantation est la

(1) A moins qu'on préfère saigner le terrain ou le rehausser, moyens toujours coûteux, et qui ne sont pas à la portée de tout le monde.

cause des diverses maladies auxquelles les arbres sont sujets. Ainsi, il faut éviter de les planter dans des trous trop petits. On ne remédie que très-imparfaitement à cet inconvénient en les remplissant de bonne terre ; car les jeunes racines de l'arbre suivent cette bonne terre meuble jusqu'à ce qu'elles aient atteint les parois de la fosse ; mais là, trouvant une résistance insurmontable, elles s'arrêtent, prennent la rouille et meurent.

La plantation trop profonde des arbres est souvent aussi une cause de leur dépérissement. Dans ce cas, la partie supérieure de la couronne des racines ne forme plus de spongioles, celles qui existent se dessèchent, et l'arbre est arrêté dans sa croissance.

L'usage d'un engrais trop frais engendre ordinairement la rouille et plus tard le chancre, qui en est une conséquence naturelle.

Une taille faite en temps inopportun, une lésion à l'écorce, un frottement contre le tuteur, le retranchement des branches causent souvent aux arbres des maladies dangereuses ; c'est ce qui a lieu surtout pour les arbres à noyaux.

Toute blessure de l'écorce produit chez ces derniers la *gomme*. La plaie devient noire ; l'affluence de la sève attaque les parties saines de la branche ou du tronc, qui se dessèchent et meurent peu à peu. Ce n'est qu'en retranchant jusqu'au vif les parties malades, et en recouvrant la plaie de poix fondue, que la branche ou l'arbre peuvent être sauvés ; mais encore faut-il que ce remède énergique soit appliqué à temps.

§ III. — HUMIDITÉ ; SÉCHERESSE ; INSUFFISANCE DE LUMIÈRE ET D'AIR.

Dans les terrains exposés aux inondations ou trop bas, dans les jardins fruitiers privés d'air et de soleil par le voisinage de grands bâtiments, la mousse couvre les arbres et devient la cause de l'appauvrissement de la sève et des maladies qui en résultent. De jeunes sujets placés entre de grands arbres sont souvent exposés à cette maladie. De plus, ces conditions entretenant une humidité continuelle et nuisible, la gelée exerce sur ces végétaux une action des plus fâcheuses. Plantés trop près les uns des autres, les arbres souffrent également du défaut d'air et de soleil. Le *chancre*, la *gomme* et la *mousse* sont les maladies les plus ordinaires de ceux qui sont placés dans des lieux humides, trop ombragés, où l'air circule mal et où séjournent par conséquent des exhalaisons nuisibles.

Une longue sécheresse n'est pas moins préjudiciable aux arbres plantés dans un sol trop perméable, et qui ne peut conserver l'humidité nécessaire aux racines, qu'une humidité permanente l'est à ceux qui croissent dans un terrain marécageux.

§ IV. — CIRCONSTANCES ATMOSPHÉRIQUES DÉFAVORABLES.

Les changements atmosphériques trop brusques, le passage subit du chaud au froid, surtout à la suite d'orages, nuisent beaucoup aux arbres et occasionnent le *miellat* et d'autres maladies.

L'action des éclairs peut en quelques instants anéantir la plus belle floraison et détruire la plus belle récolte. — La gelée et les frimas, à des époques inaccoutumées, surtout lorsque l'automne a été humide et chaud et que l'hiver arrive de bonne heure, sont très-dangereux. La sève, n'étant pas encore suffisamment épaissie, se congèle facilement; l'augmentation de son volume brise le tissu cellulaire, et l'organisation de l'arbre est détruite. Ce cas peut se présenter aussi au printemps, lorsqu'il survient de grands froids après l'époque où le mouvement de la sève a commencé.

Le verglas, la grêle, les tempêtes font souvent de grands dégâts. On voit encore, dans plusieurs localités, sur de jeunes sujets, les endroits où l'écorce fut endommagée, en 1834, par une tempête très-violente qui déracina des arbres d'une grande dimension.

§ V. — FAIBLESSE OU SURABONDANCE DES FORCES NUTRITIVES.

Un terrain appauvri ou d'une qualité inférieure, une sécheresse prolongée, une lésion des racines, enlèvent souvent aux arbres les forces nutritives qui leur sont nécessaires. Le terrain peut être amélioré par des défoncements, par de fréquentes façons, par des mélanges de terres convenables et par des engrais ; les effets d'une trop longue sécheresse peuvent être combattus par l'arrosement des feuilles et des racines ; le développement de celles-ci peut être stimulé par des cultures réitérées ; si elles ont été attaquées par les rats, les taupes ou les souris, qui, établissant souvent leur demeure sous la couronne des racines, les rongent et les endommagent, on peut parer à cet inconvénient d'abord par la destruction de leurs ennemis, ensuite en les taillant et en remplissant les trous de nouvelle terre. Tels sont les meilleurs moyens de raviver des arbres privés des éléments nutritifs dont ils ont besoin.

La surabondance des principes vitaux n'a d'inconvénient qu'autant que les vaisseaux destinés à les élaborer sont incapables de remplir leurs fonctions, ce qui occasionne des stagnations sur plusieurs points. Les causes de cet état sont : une fumure trop abondante, surtout lorsqu'on emploie des engrais frais d'animaux, la lésion des racines ou du tronc, ou encore un sol très-humide et trop ombragé. Le mal se manifeste par les taches de rouille dont les feuilles offrent l'empreinte.

Pour remédier à cet état de choses, il faut, dans le premier cas, débarrasser les arbres du fumier et le remplacer par de bonne terre; dans le second, c'est-à-dire lorsque l'humidité du sol est permanente, il faut le saigner, ce qui se fait en creusant de petits fossés qui permettent l'écoulement des eaux surabondantes.

§ VI. — CIRCULATION IRRÉGULIÈRE DE LA SÈVE.

La circulation de la sève est défectueuse soit lorsqu'elle est trop rapide, soit lorsqu'elle est trop lente, soit enfin lorsqu'elle se répartit inégalement dans les diverses parties de l'arbre.

A. *Circulation trop rapide.*

Cette activité de la sève ne se remarque que dans des arbres bien portants et ne saurait être appelée une maladie; sa conséquence immédiate est la stérilité. La cause doit en être attribuée à l'excès de jeunesse et de santé de l'arbre, et surtout à un sol trop riche ; la fructification ne s'opère que lorsque cette rapide croissance a cessé.

B. *Circulation trop lente.*

Les arbres atteints de cette maladie offrent des pousses faibles, accompagnées de boutons à fruits nombreux ; mais ces boutons tombent ordinairement à l'époque de la floraison.

Les causes de ce phénomène sont : un mauvais sol, un terrain sablonneux trop léger; quelque défaut aux racines ; le rétrécissement des vaisseaux de l'écorce; enfin, la vieillesse.

Dans le premier cas, il faut venir au secours de l'arbre souffrant en améliorant le sol, en ameublissant de temps en temps la terre, afin que le soleil, la pluie et l'air puissent y pénétrer ; on peut aussi avoir recours à la taille, en rapprochant les branches. Dans le second cas, il faut examiner avec soin les racines et faire disparaître tous les obstacles qui s'opposent à l'accomplissement de leurs fonctions. Dans le troisième, on peut pratiquer des incisions dans l'écorce de la tige et des branches, stimuler l'activité de l'écorce par des frottements et employer des engrais très-énergiques, tels que le fumier de poules, de pigeons, de moutons, ou même le sang, afin de ranimer la sève.

C. *Circulation inégale.*

Quand la circulation s'accomplit inégalement un côté ou seulement quelques parties de l'arbre présentent un état de santé florissant, tandis que les autres révèlent leur état maladif par leur dépérissement. Si cette inégalité n'est pas le résultat d'une taille vicieuse, il faut en rechercher la cause dans le rétrécissement des vaisseaux où doit circuler la sève, dans leur manque d'irritabilité, ou dans quelque obstacle matériel, par exemple, la pression du tuteur. Si la partie souffrante est encore saine, on a recours à l'incision ou au déplacement du tuteur; mais si la branche est entièrement malade, si elle est attaquée du brûle ou de la gomme, il faut la retrancher tout à fait, afin de sauver les parties saines de l'arbre.

§ VII. — SÈVE VICIÉE.

Les causes de cette maladie peuvent être : un mauvais sol, un terrain trop humide ou marécageux, une transpiration arrêtée par une humidité trop prolongée, des lésions à la tige ou aux racines, une circulation incomplète de la sève, ou enfin l'âge de l'arbre. Le seul moyen de remédier autant que possible à cet accident est d'en faire cesser les causes. Si l'arbre est déjà vieux et si la maladie est invétérée, il sera rarement possible de rétablir la circulation; le retranchement même d'une ou de plusieurs branches malades est le plus souvent de peu d'utilité, parce que le mal se reporte sur d'autres points; ce qu'il y a de mieux à faire dans ce cas, c'est de remplacer le vieil arbre par un jeune. Mais s'il s'agit d'un jeune sujet, il est possible de lui rendre la santé par l'amélioration du terrain, par le frottement, etc.

§ VIII. — DIMINUTION DES FORCES.

Lorsque la croissance d'un arbre se ralentit,

quand il ne produit plus de pousses d'été et quand ses feuilles jaunissent plus tôt que de coutume, il n'y a pas à douter que ses forces diminuent.

Les causes de cette diminution peuvent provenir :

1° D'une gelée violente, qui, gonflant trop les vaisseaux, produit des déchirures ;

2° D'une chaleur excessive et continue, qui dessèche et durcit les vaisseaux, de telle sorte qu'ils ne peuvent plus s'élargir suffisamment pour recevoir la sève ;

3° D'une humidité trop prolongée qui relâche les fibres ;

4° D'un sol mauvais ou qui ne convient pas à l'arbre.

Les moyens à employer pour relever les forces d'un arbre doivent se régler sur les causes de la maladie. S'il a souffert du froid, ou l'écorce est fendue, ou elle est restée intacte. Dans le premier cas, surtout lorsqu'il s'agit de vieux arbres, il faut retrancher la plus grande partie des branches, afin que le sujet ne s'épuise pas à nourrir inutilement une trop grande quantité de bois ; il faut frotter les fentes produites par le froid avec de l'onguent de Saint-Fiacre (mélange formé de parties égales de terre glaise et de bouse de vache), et, plus tard, retrancher jusqu'au vif l'écorce morte, afin que la plaie puisse se cicatriser.

Si l'écorce n'est pas fendue, quoique les fonctions des vaisseaux soient interrompues, ce qu'on reconnaît à la faiblesse des pousses du printemps, on fait sur la tige de l'arbre une entaille longitudinale, afin de diminuer la trop forte tension de l'écorce, de la stimuler et de rétablir l'équilibre. Dans ce cas, il est très-opportun de remuer la terre, de l'amender avec du bon fumier de vache bien consommé, afin que l'arbre puisse recouvrer ses forces.

Dans les grandes sécheresses il faut ranimer l'arbre par l'arrosement des feuilles et des racines. Il est bon aussi d'humecter l'écorce, en la frottant avec des torchons de laine imbibés d'eau.

Des pluies prolongées sont moins nuisibles aux arbres et leur portent moins de préjudice pour l'avenir qu'une trop longue sécheresse, pourvu que le sujet ne soit pas planté dans un terrain où l'humidité soit permanente. On ne peut remédier à ce dernier inconvénient qu'en creusant des fossés de desséchement.

Si la diminution des forces provient de la mauvaise qualité du sol, il faut alors enlever la terre jusqu'aux racines et la remplacer par une autre plus substantielle. Si elle provient de la vieillesse de l'arbre, on peut quelquefois y remédier en labourant souvent le terrain, en lui donnant une nourriture plus substantielle, en retranchant quelques branches, en en rapprochant d'autres, et en nettoyant le tronc. Mais si ces moyens n'ont plus d'efficacité, si, par une suite naturelle de la vieillesse, les vaisseaux sont trop endurcis, il faut que l'arbre soit arraché et remplacé par un autre d'*une espèce différente.*

§ IX. — BLESSURES EXTÉRIEURES.

Elles peuvent être le résultat d'une contusion, d'un frottement des branches entre elles ou contre un autre objet; elles peuvent aussi être produites par la dent de quelques animaux, par un instrument tranchant, ou enfin par un froid assez rigoureux pour faire crevasser l'écorce.

Souvent ces blessures sont assez graves pour entraîner la mort de l'arbre, ce qui arrive surtout quand elles embrassent toute sa circonférence. Parmi les plus dangereuses, il faut remarquer celles dont l'origine est due à la fracture de grosses branches qui, dans leur chute, déchirent l'écorce. Il faut alors non-seulement scier le tronçon le plus près possible du tronc et rafraîchir la coupe avec une serpette, en arrondissant la section, afin de faciliter l'écoulement des eaux de pluie; il faut encore couvrir soigneusement la plaie avec de la cire à greffer, et renouveler l'opération si cela est nécessaire. Beaucoup de blessures auxquelles on ne fait généralement pas attention, et qui cependant sont souvent la cause des maladies des arbres et de leur stérilité, proviennent du peu de soin qu'on apporte à cueillir les fruits. Si l'on fait usage d'une échelle, on peut, en agissant sans précautions, casser beaucoup de boutons et de branches à fruit. L'usage de faire la récolte avec des bâtons ou des perches est on ne peut plus nuisible aux arbres et aux fruits;

car, en froissant l'écorce et en cassant les branches, on occasionne le *brûle.* Ce sont principalement les cerisiers qui sont exposés à ces mauvais traitements. Combien de fois n'arrache-t-on pas des branches chargées de fruits, et avec elles des lanières d'écorce? On se prive ainsi non-seulement des récoltes futures, mais on fait à l'arbre un mal souvent irréparable.

§ X. — INSECTES RONGEURS.

Les ravages que les insectes et d'autres animaux nuisibles peuvent occasionner aux arbres fruitiers ne sont, hélas! que trop connus. Les plus beaux jardins, les plus belles plantations, des contrées entières sont ravagées par les chenilles et privées en peu de temps de leur ornement et de l'espoir du cultivateur. La circulation de la sève interrompue, la transpiration arrêtée, telles sont les tristes conséquences de ce fléau; un certain nombre d'arbres y trouvent la mort, qui souvent arrive dans l'année même.

Si l'arbre n'est pas muni de bonnes racines,

il sera rarement en état de se refaire à la seconde sève, et les pousses de l'été ne seront pas assez mûres pour résister au froid de l'hiver.

Outre les chenilles, il y a encore plusieurs scarabées, entre autres le hanneton, le *charançon des pommiers (cucculio pomorum)*, qui sont extrêmement nuisibles aux végétaux.

Nous venons d'énumérer les principales causes des maladies des arbres fruitiers ; quant à la guérison, on peut l'obtenir en modifiant la nature du sol, en laissant arriver à l'arbre plus d'air et de lumière, en appliquant la taille avec discernement, en recouvrant les plaies avec de la cire à greffer.

Nous allons traiter maintenant des différentes maladies en particulier, et indiquer les moyens de les prévenir et de les guérir.

CHAPITRE II.

Moyens de guérir les Maladies des Arbres.

§ Ier. — GERÇURE DE L'ÉCORCE; MOYENS DE L'ARRÊTER.

La gerçure de l'écorce est une maladie à laquelle les grands arbres sont plus exposés que les autres; elle provient ou du froid, qui détruit les vaisseaux séveux, ou d'un terrain trop substantiel, qui les surcharge d'une sève surabondante. On ne peut remédier à ce dernier inconvénient qu'en modifiant la terre par une addition de sable ou de terre très-maigre, ou par des saignées, s'il est amené par un terrain trop humide. Lorsque la fente de l'écorce est le résultat de grands froids, elle est toujours accompagnée, au moment où elle se produit, d'une détonation qui ne laisse aucun doute sur son origine; il faut alors, quand elle se manifeste sur de vieux arbres, racler avec le dos d'une serpette et enlever jusqu'au vif la vieille écorce détachée, et mettre la plaie à l'abri de l'humidité et des insectes au moyen d'un ciment. Si on néglige ce soin, l'aubier se dessèche, le chancre ne tarde pas à se déclarer, et une foule de pucerons et d'autres insectes établissent leur demeure dans les vides qui résultent de cette lésion. Lorsque cette maladie attaque des arbres pleins de santé et de vigueur, on peut employer pour les guérir différents moyens que nous allons énumérer.

A. *Saignée.*

Elle se pratique en faisant dans l'écorce du tronc, depuis la naissance des branches jusqu'à la racine, une entaille fine qui peut suivre indifféremment une ligne droite ou sinueuse; on se sert à cet effet d'un couteau muni d'une lame mince et très-pointu. Afin de ne pas couper entièrement l'écorce, car il est important de ne pas entamer le tissu cellulaire, ce qui pourrait nuire à l'arbre, on passe le couteau dans une gaîne, et on ne laisse sortir la lame qu'autant qu'il est nécessaire pour fendre l'écorce à peu près dans la moitié de son épaisseur. Sur des arbres un peu forts, on fait ordinairement deux ou trois de ces entailles, placées l'une à côté de l'autre; mais alors on ne les prolonge pas dans toute la longueur de l'arbre; on ne leur donne qu'environ $0^{m},15$, et on met entre elles un intervalle de la même dimension. Cette opération doit se faire pendant une belle journée de printemps, à l'endroit le plus lisse de l'arbre, et du côté du couchant ou du nord. Si la saignée devait être répétée plus tard, il faudrait choisir une autre place. On se sert aussi de ce moyen pour faire grossir la tige et pour redresser des déviations. Il est très-avantageux sur de jeunes et vigoureux sujets, et il ne saurait être nuisible que lorsqu'on en abuse.

B. *Incision annulaire pratiquée dans la demi-circonférence de l'arbre.*

Ce moyen, d'un emploi avantageux sur de jeunes arbres dont l'écorce est encore lisse et souple, est impraticable sur ceux dont l'âge a rendu l'écorce épaisse et rugueuse; car elle consiste à faire des entailles très-fines et horizontales sur la moitié environ de la demi-circonférence. Il est bon que ces entailles, d'une longueur de 0^m,12 à 0^m,15, soient séparées par des intervalles de 0^m,10. On répète l'opération du côté opposé, en ayant soin que les entailles ne se rencontrent pas. A cet effet, on pratique les incisions à 0^m,03 plus haut d'un côté que de l'autre; elles peuvent se faire aux branches aussi bien qu'à la tige.

Lorsqu'on veut appliquer ce remède à des arbres dont l'écorce est écailleuse et fendue, et qui n'ont pas assez de force pour se dépouiller de leur vieille enveloppe, il faut auparavant enlever celle-ci à l'aide d'une raclette ou d'un fer émoussé, afin de pouvoir opérer sur une écorce nouvelle et plus unie.

C. *Dépouillement de l'écorce.*

Ce moyen est rarement employé, parce qu'il est plus dangereux que les deux précédents ; il consiste à pratiquer, sur toute la circonférence de l'arbre, deux entailles parallèles situées à $0^{m},15$ l'une de l'autre. Cela fait, on enlève l'écorce extérieure comprise entre les deux entailles, en ayant soin de ne pas entamer l'écorce intérieure et verte, afin que le tissu cellulaire ne soit pas blessé et que l'aubier ne soit pas mis à nu. On recouvre ensuite la partie entaillée avec du linge, et au bout de quelques semaines la plaie est cicatrisée.

Cette opération, qui doit se faire au printemps, avant que la sève soit en pleine activité, est quelquefois employée pour rendre la fertilité aux arbres qui, par une trop grande abondance de sève, perdent une partie de leurs fleurs et de leurs fruits.

§ II. — MORT DES JEUNES ARBRES.

Il arrive souvent que de jeunes arbres ne

croissent pas au printemps ou qu'ils ne donnent que de faibles pousses dont les feuilles jaunissent et tombent dans le courant de l'été. Dans ce cas, il faut examiner l'arbre avec soin et fouiller la terre pour voir si des souris ou des rats n'ont pas rongé ses racines. Si on découvre des nids de souris, on commence par les détruire, et on remédie de la manière suivante aux ravages qu'elles ont exercés. On retranche les racines et surtout les branches attaquées; on enveloppe les plaies de chiffons de laine pour faciliter la production de nouvelles racines, et on transplante l'arbre dans un terrain ombragé et substantiel. On lui donne alors des arrosements abondants, de préférence avec de l'eau de fumier étendue d'eau ordinaire. Ainsi traité, il ne tarde pas à reprendre sa vigueur, et il peut être rétabli à son ancienne place, si on le juge à propos. On parvient quelquefois de cette manière à sauver des arbres qu'on a intérêt à conserver.

Souvent l'état de langueur d'un arbre peut être occasionné par le manque d'air et de lumière, ou par la nature du sol, qui est contraire à son espèce. Dans ce cas, il faut d'abord faire disparaître les obstacles qui s'opposent à sa prospérité, et le tailler fortement à l'automne ou au printemps.

On peut aussi quelquefois prolonger la vie de vieux arbres malades en retranchant la partie de la couronne la plus menacée et les portions froncées du tronc ou des branches; mais ce qu'on peut faire de mieux, c'est de les rajeunir en coupant une partie des branches au printemps et l'autre au printemps suivant. Il faut, lorsqu'on procède de cette manière, rafraîchir soigneusement avec la serpette toutes les branches sciées, et recouvrir les plaies avec du ciment ou de l'onguent. On gratte l'écorce froncée, on enlève autant que possible toutes les parties malades, on les garantit avec soin du contact de l'air, et on vient au secours de l'arbre en lui donnant de la terre substantielle et des engrais.

Le meilleur moyen de rajeunir de vieux arbres qui portent de mauvais fruits, c'est de les regreffer.

§ III. — CONSOMPTION.

La consomption peut être le résultat de la vieillesse ou d'une fertilité excessive ; elle peut encore être causée par des rejetons trop nombreux, par le manque de nourriture, lorsque l'arbre est planté dans un terrain trop maigre, par une longue sécheresse lorsqu'il se trouve dans un terrain stérile. Elle se manifeste également lorsque les racines se pourrissent, ou lorsqu'elles sont rongées par les rats ou les souris. L'écorce d'un arbre qui se trouve dans cette condition est ordinairement couverte de mousse ; on remarque sur la tige des places brûlées ; les pointes des branches meurent ; les feuilles se fanent et tombent de bonne heure ; l'arbre porte de petits fruits difformes qui, généralement, ne mûrissent pas ; la croissance cesse peu à peu ; enfin, l'arbre se dessèche et meurt.

Si le sujet est encore jeune, il faut le transplanter dans un bon terrain, tailler ses branches très-court, lui donner des soins assidus ; car il peut se remettre et donner pendant de longues années des produits qui indemniseront amplement des soins dont il aura été l'objet. Si ses racines ont été rongées par les souris, s'il a peu ou point de chevelu, il faut laver les grosses racines, ne fussent-elles que des tronçons, les nettoyer, et les envelopper avec un chiffon de laine qu'on noue fortement à 0m,03 environ de leur extrémité. Cela fait, on resserre la terre autour des racines, et quelques jours après on attache l'arbre à un tuteur : généralement il se rétablira et poussera vigoureusement.

Si le sujet est trop vieux pour être transplanté, il faut creuser la terre à l'entour, et lui procurer des substances nourrissantes. Ensuite on le débarrasse de la mousse qui l'a envahi, on le lave avec de l'eau salée ou de la lessive, on retranche les parties attaquées par le brûle et on recouvre les plaies avec de la poix.

De tous les engrais qui peuvent être employés pour exciter la vigueur d'un arbre et rétablir sa croissance, les plus énergiques sont le vieux fumier de pigeons et celui de poules. On place cet engrais près des racines, mais en évitant cependant qu'il les touche, et on le recouvre avec de bonne terre de jardin. Un arbre traité de la sorte se remettra généralement et récompensera bientôt son sauveur des soins qu'il aura demandés.

§ IV. — BRULE; SES CAUSES.

Le brûle est une des maladies les plus dangereuses auxquelles soient exposés les arbres fruitiers. Chaque année des millions de sujets périssent par ce fléau, qui a son siége entre l'aubier et l'écorce, et qui consiste dans une viciation de la sève. Les premiers symptômes se manifestent dans l'écorce, qui prend une teinte noirâtre ou brune, et qui se ride et se gerce successivement par petites places dans les parties attaquées. Quelquefois le mal pénètre jusque dans l'intérieur du tronc ou des tiges; alors l'écorce se détache du bois, et, à mesure qu'il étend ses ravages, les parties intérieures de l'arbre ainsi que l'aubier noircissent comme s'ils avaient été exposés à l'action du feu. Arrivé à ce point et pour peu que la main du jardinier tarde à l'arrêter, le fléau aura bientôt fait périr sa victime.

Cette maladie peut se présenter sur les branches aussi bien que sur la tige; elle attaque tous les arbres, même ceux des forêts, qui succombent souvent sous ses atteintes. Cependant, les espèces à pepins, et parmi ces dernières les pommiers, sont les plus sujettes à cette maladie. Plusieurs d'entre elles, comme le calville blanc, en sont fréquemment attaquées, à cause de la grande abondance de leur sève. Quant aux arbres à noyaux, les pêchers, les amandiers et les abricotiers sont les plus exposés à cette maladie dans leur jeunesse; les cerisiers et les pruniers, au contraire, y sont plus sujets lorsqu'ils sont parvenus à un âge avancé.

On peut dire, en général, que les jeunes arbres y sont plus disposés que les vieux ; cependant ces derniers n'en sont pas tout à fait exempt . Ainsi, on la voit se manifester sur des sujets qui ont déjà produit depuis plusieurs années, et alors tous les remèdes deviennent inutiles.

La surabondance de la sève n'est pas la seule cause de cette maladie; il en existe quelques autres que nous allons examiner successivement.

A. *Blessures faites lors de la transplantation.*

Les sujets venus de graines et élevés dans la pépinière sont généralement moins exposés au brûle que les rejetons et les sauvageons qui ont été arrachés dans les bois, parce que ceux qui les arrachent le font rarement avec les précautions nécessaires; les plus fortes racines sont ordinairement cassées ou mutilées, et le chevelu en est en partie sacrifié. Ces sujets, une fois transplantés dans la pépinière, cherchent avant tout à se faire de nouvelles racines; alors la croissance des autres parties ne se fait que lentement; des stagnations ont lieu çà et là dans la sève; cette dernière, devenue corrosive, attaque l'aubier et le bois, et c'est là un premier germe du brûle.

B. *Blessures au moment de la greffe.*

Les vieux arbres auxquels on n'a pas laissé de branches d'appel sont d'autant plus exposés au brûle que la circulation de la sève a été plus troublée. Lorsqu'on greffe un arbre, il est avantageux de donner à la plaie le moins d'étendue possible. C'est par cette raison que la greffe en écusson mérite le premier rang ; le second appartient à celle en approche. Un arbre non greffé a, sous ce rapport, plus de chances de vivre longtemps que les autres ; car les arbres venus de graine, et qui n'ont pas eu besoin d'être greffés, sont bien plus vigoureux que ceux qui ont subi cette opération.

C. *Brûle provenant des greffes.*

Les greffes elles-mêmes, lorsqu'elles ont été prises sur un arbre atteint du brûle, peuvent propager cette maladie ; il est donc indispensable de ne prendre des greffes que sur des arbres sains et vigoureux.

D. *Blessures faites à l'écorce par des animaux.*

Les lièvres, les chèvres, les moutons, les vaches se plaisent à arracher aux arbres des lambeaux d'écorce et leur causent ainsi des blessures dangereuses.

E. *Blessures faites à l'époque de la cueillette des fruits.*

L'émondage des arbres fruitiers en rapport, surtout des plein-vent, est généralement confié à des journaliers ou manœuvres qui ne connaissent rien à la culture et qui ne prennent aucun intérêt aux arbres ; ils coupent les branches grossièrement avec une hache, ou bien ils les scient et laissent de grands tronçons horriblement mutilés, qu'ils ne prennent la peine ni d'égaliser ni de couvrir. L'air, la pluie, le froid et la chaleur pénètrent par ces plaies, exposées à toutes les intempéries des saisons ; les parties dénudées de l'écorce se noircissent ; le brûle s'y met, s'étend de proche en proche, et finit par s'emparer de l'arbre entier. Des milliers d'arbres de toute espèce, dans les jardins, les vergers, sur les routes, etc., sont ainsi mutilés chaque année et livrés à la destruction.

F. *Brûle provenant de la gelée.*

Lorsqu'une gelée prématurée survient au

moment où les vaisseaux sont encore remplis de sève, ces derniers sont exposés à se briser; alors la sève s'en écoule, se dessèche et occasionne le brûle. Souvent aussi cette maladie se manifeste au commencement du printemps lorsque le soleil fait fondre pendant le jour la neige qui est tombée la nuit précédente. L'abaissement de température qui survient ensuite, congelant l'eau produite par le dégel, fait éclater les vaisseaux.

G. *Brûle provenant du terrain.*

Lorsqu'on transplante des arbres d'un terrain gras et substantiel, contenant quelquefois du salpêtre, dans un terrain maigre, le manque de nourriture amène la stagnation de la sève, qui a presque toujours pour résultat le brûle. Ce sont surtout les terrains gras et humides qui favorisent le développement de cette maladie, parce que, dans un terrain semblable, les racines attirent une si grande quantité de sucs que l'arbre ne peut les consommer. Souvent il cherche à se débarrasser de cette surabondance de sève en produisant un grand nombre de branches gourmandes; mais lorsqu'elle ne prend pas cette direction l'écorce se brise, et il en résulte un commencement de brûle. Cette maladie est aussi fréquemment engendrée par des engrais mal choisis, surtout lorsqu'on entoure les racines, au moment de la plantation, avec du fumier trop frais. Quelquefois le même accident se produit par le voisinage des dépôts de fumiers ou d'urines.

Les moyens de guérison dépendent des causes qui ont produit le brûle. S'il se montre sur de jeunes arbres plantés dans un terrain pauvre, placé sur un sous-sol humide, glaiseux ou graveleux, le meilleur parti à prendre est de retirer ces arbres, de faire des fosses larges et profondes de 1 mètre à $1^{m},30$ au moins en tous sens, de les remplir de bonne terre, de rapprocher fortement les racines et les branches, de retrancher soigneusement jusqu'au vif toutes les parties attaquées, de bien panser les plaies; on remet ensuite les sujets dans la nouvelle terre meuble et fertile qu'on leur a donnée, en ayant soin de ne pas les planter trop profondément, ce qui arrive très-souvent pour les plein-vent, qu'on a généralement la mauvaise habitude de trop enfoncer lorsqu'on les transplante.

Tel arbre ne prospère pas dans les premières années de sa transplantation parce qu'il est trop enfoncé en terre. Avis donc à ceux qui font faire de nouvelles plantations de les surveiller ; car les manœuvres chargés de cette besogne font ordinairement peu de cas des observations les plus sages qu'on puisse leur adresser, croyant toujours en savoir plus que les *« messieurs dont ce n'est pas l'état,»* comme ils ont coutume de le dire.

L'amateur d'arbres fruitiers devrait toujours assister à l'arrachage et à la plantation des arbres qu'il fait placer dans son domaine ; sa présence leur éviterait une foule de déchirures et de meurtrissures ; car les ouvriers agiraient avec plus de soins et de précautions, en se voyant surveillés par la personne à laquelle les arbres sont destinés. Mais, de quelque manière qu'un arbre ait été arraché, il faut couper soigneusement avec une serpette bien tranchante toutes les parties lésées et les recouvrir de cire à greffer.

Dans les terrains trop gras et trop humides, la saignée est le meilleur moyen pour donner une issue à la sève surabondante et pour prévenir les crevasses de l'écorce, surtout dans les sujets jeunes et vigoureux : c'est le seul qui soit propre à éviter le brûle. Quand la maladie provient du froid, on retranche aussi les pousses attaquées par la gelée.

De quelque manière que le brûle ait pris naissance, s'il n'a attaqué qu'un côté de l'arbre, il n'est pas mortel et peut être guéri par des secours appliqués avec intelligence. S'il se manifeste sur des branches isolées, il est bon de les retrancher près du tronc ou de la tige, de bien unir la plaie et de la recouvrir avec de l'onguent de Saint-Fiacre, afin d'empêcher le contact de l'air. Si le mal se développe sur le tronc même, on retranche jusqu'au vif, avec un couteau bien tranchant, toutes les parties malades, et on recouvre la plaie avec l'onguent indiqué plus haut ou avec celui de Forsyth (voyez plus loin l'article qui en traite). Si le recouvrement tombe avant la cicatrisation complète de la plaie, il faut le renouveler.

Mais si la maladie s'est emparée de tout le tronc de l'arbre, ou si, n'en ayant attaqué qu'une partie, elle s'est propagée sur toute la circonférence, de telle manière que l'écorce se détache tout autour, il n'y a pas de remède; il faut remplacer cet arbre par un autre.

§ V. — DU CHANCRE.

Le chancre, qu'on confond presque toujours avec le brûle, et qui a été trop peu étudié jusqu'ici, est pour les arbres fruitiers un mal non moins redoutable que le précédent. Il est possible qu'il provienne des mêmes causes; car le mauvais choix des greffes, un terrain trop maigre, etc., peuvent produire cette maladie aussi facilement que le brûle; mais les phénomènes extérieurs du chancre et ses résultats sont tout à fait distincts.

Le chancre est une excroissance informe qui apparaît sur le tronc ou sur les branches de l'arbre; l'écorce paraît gonflée et comme entaillée. Cette excroissance grossit de plus en plus et finit enfin par s'ouvrir. On remarque au-dessus de l'écorce fendue des taches bleuâtres, formées par une viscosité qui en découle, qui s'étend petit à petit, et qui finit par envahir toute la branche.

Le brûle ne dessèche l'écorce que par places; il s'attache aussi à l'aubier qu'il dessèche également, et presque toujours la partie malade est couverte d'une substance noire qui ressemble à la suie. C'est ordinairement le brûle qui engendre le chancre, si on ne l'arrête pas à temps; cependant le chancre peut aussi naître spontanément; on ne le trouve généralement que sur les arbres à pepins, et en particulier sur les pommiers. Quelques espèces, comme, par exemple, le calville blanc d'hiver, la reinette musquée, etc., y sont principalement sujettes. Cependant on trouve beaucoup d'arbres de cette espèce qui en sont tout à fait exempts, ce qui paraît prouver que le chancre n'est pas héréditaire chez eux, comme quelques pomologues l'ont prétendu. Un sol dont la terre meuble, de quelques centimètres de profondeur seulement, repose sur un sous-sol composé de marne ou de gros gravier, etc., ne produit guère que des arbres chancreux, parce que leurs racines s'y trouvent bientôt dans un véritable état de souffrance; la sève se vicie; et, lorsqu'elle s'écoule, elle ronge comme un ulcère toutes les parties qu'elle touche.

On rencontre aussi le chancre dans les terres fortes, froides et glaiseuses.

Cette maladie est rarement mortelle, car, quoiqu'il se trouve parfois un grand nombre de ces excroissances sur les branches et sur les tiges, les arbres continuent néanmoins à produire abondamment; mais on comprend sans peine qu'ils ne deviendront jamais aussi grands, qu'ils ne seront jamais d'une aussi longue durée que des arbres bien portants.

Les moyens de guérison du chancre sont les mêmes que ceux que nous avons énumérés à l'occasion du brûle. On cite aussi, comme le remède le plus facile et le plus simple, l'usage de la poix. La recette suivante est encore très-vantée pour guérir le chancre et le brûle.

Après avoir retranché de la branche ou de la tige la partie attaquée par le chancre, on recouvre la plaie au pinceau avec une couleur dont voici la composition : 250 grammes vernis copal; 250 grammes rouge anglais; 95 grammes litharge. On délaye le tout ensemble dans un pot, et on verse un peu d'huile par dessus pour empêcher la couleur de se dessécher; ensuite on recouvre le pot d'un papier. Cette couleur s'applique avec une brosse-pinceau de $0^m,03$.

Avant de recouvrir la plaie de cette couleur, on doit la débarrasser de toutes immondices et de toutes les parties mortes de l'écorce; si on néglige cette précaution, la plaie ne tarde pas à se refermer. Non-seulement la couleur ne fait aucun mal à l'arbre, mais encore elle a pour résultat une prompte cicatrisation des plaies, qui se recouvrent en peu de temps d'une nouvelle écorce.

§ VI. — GOMME.

La gomme est pour les arbres à noyaux ce que le brûle ou le chancre est pour les arbres à pepins; ce sont les pêchers et les abricotiers qui y sont le plus exposés. Cette maladie peut provenir de la surabondance de la sève, d'engrais nuisibles, du froid qui succède à quelques jours chauds d'hiver ou de printemps, d'un terrain qui n'est pas propre à l'espèce de l'arbre, des piqûres de quelques insectes : la moindre blessure peut aussi l'engendrer. Il est facile de découvrir les points où la gomme tend à se faire jour, parce que l'écorce y est d'une couleur plus foncée que dans les parties saines; bientôt on aperçoit une protubérance de forme arrondie ou oblongue et une ou plusieurs fentes. Ces points se trouvent généralement sur les parties bien exposées au soleil, rarement sur celles tournées vers le nord. Si on enlève la partie fendue de l'écorce extérieure, on remarque que la couche intérieure est d'un brun noirâtre; si l'on continue à tailler plus profondément, jusque sur le bois, on trouve que ce dernier est d'un jaune rouge, ou d'un brun foncé, ou bien tout à fait noir. Plus la stagnation de la sève a fait gonfler les fibres de l'aubier, plus la protubérance est prononcée et plus l'altération de celui-ci est considérable. La sève corrompt bientôt par son âcreté l'écorce extérieure; elle sort par l'ouverture qu'elle s'est faite, s'épaissit et engendre la résine ou la gomme, d'où la maladie a tiré son nom. Comme elle s'étend plus vite sur le bois tendre et poreux des arbres à noyaux que le brûle sur le bois plus compacte des arbres à pepins, il faut y porter un prompt remède pour éviter que la branche attaquée périsse. Le retranchement de la partie malade et le recouvrement de la plaie avec un onguent convenable sont des opérations indispensables.

Si la gomme est amollie par la pluie, la plaie peut être facilement guérie ; dans ce cas, on débarrasse de la résine qui la couvre la partie blessée et on la laisse sécher ; on répète cette opération aussi souvent que la gomme se reproduit. Lorsque celle-ci cesse de couler, on recouvre la plaie d'une couche de cire. Généralement on arrive par ce moyen à une guérison complète dans le cours de l'année, si la plaie n'est pas trop considérable et si d'ailleurs l'arbre n'a pas d'autre maladie.

J'ai aussi employé souvent avec succès la saignée sur des cerisiers qui étaient fortement atteints de ce mal. Plusieurs d'entre eux, dont la croissance s'était ralentie, qui étaient couverts de taches de brûle, et qui ne donnaient pas beaucoup de signes de longévité, ont été sauvés de cette manière, et sont maintenant dans l'état le plus florissant. J'emploie le même remède, à peu près tous les deux ans, sur des pruniers qui autrefois avaient beaucoup souffert de la gomme; ils en sont maintenant préservés, se portent bien, poussent vigoureusement et fructifient beaucoup.

C'est encore dans cette circonstance que la poix, appliquée à chaud sur la plaie bien vidée et bien nettoyée, rend d'excellents services. Mais avant cette application il faut que la sève qui a pénétré dans la plaie soit bien essuyée avec un linge. Cette poix doit être plus chaude que dans le cas où on l'emploie sur les arbres à pepins, afin qu'elle absorbe moins d'humidité.

On recommande encore le remède suivant : Enlevez la gomme avec un instrument tranchant, retranchez la partie malade jusqu'à ce que vous arriviez au bois sain, et frottez fortement la place avec de l'oseille, en écrasant les feuilles, afin que le jus puisse pénétrer dans la plaie. Un propriétaire d'Argenteuil, près Paris, qui traitait ainsi ses arbres gommeux, assure que la gomme n'a jamais reparu à la suite de ce traitement ; que les parties retranchées se sont toujours recouvertes d'une nouvelle écorce, de sorte qu'au bout de quelque temps il était impossible de distinguer les places qui avaient été attaquées.

Un autre onguent qui mérite d'être recommandé consiste en 1 partie de chaux non éteinte, pulvérisée, et mélangée avec 3 parties de terre glaise réduite en poudre. Il a surtout une vertu calmante et attire l'âcreté de la sève. Les fibres du bois et de l'écorce qui en sont recouvertes se rapprochent, et la plaie se ferme. Au printemps qui suit l'opération, il est bon de découvrir les plaies profondes qu'on avait enveloppées d'un linge, d'enlever la pâte sèche qui s'y trouve et de la remplacer par de la pâte fraîche, afin que la cicatrisation ait lieu plus promptement. Ce but est souvent atteint en faisant une entaille sur l'écorce, du côté opposé à la plaie, afin d'écarter la sève de la partie malade.

§ VII. — DESSÈCHEMENT.

Cette maladie, qui cause quelquefois des dommages considérables dans les jardins, a quelque ressemblance avec la consomption; mais elle en diffère cependant, car l'arbre qui en est atteint perd tout à coup ses forces; sa couleur s'altère; son écorce se fronce; ses feuilles se flétrissent; enfin l'arbre tout en entier se dessèche, et la vie s'éteint en lui peu à peu. Cette maladie naît le plus fréquemment dans un terrain maigre et appauvri. Lorsque le sol où ils végètent ne peut pas leur fournir assez de nourriture, lorsque la terre est trop sablonneuse, trop légère, le sous-sol trop peu perméable, trop graveleux, ou de glaise trop humide, les arbres ne poussent plus; ils languissent et sèchent si on ne vient à leur secours.

Le meilleur remède consiste à raccourcir les branches, à laver le tronc, à arroser les racines, à enlever la terre maigre qui les couvre et à la remplacer par une autre plus substantielle.

Parmi les moyens les plus propres à stimuler

la végétation des arbres, je citerai l'emploi de l'urine de vaches et de chevaux ou de l'eau de fumier étendue, et mieux encore de raclures de cornes qu'on répand sur le terrain après l'avoir bien ameubli, et qu'on arrose s'il tarde à pleuvoir. Ainsi traités, les arbres reprendront bientôt leurs forces et pousseront vigoureusement si la maladie n'a pas fait trop de progrès.

L'*aridure* peut être occasionnée aussi bien par le manque que par la trop grande abondance d'eau. Si une longue sécheresse ôte aux racines la possibilité d'aspirer le suc nourricier de la terre, la sève se dessèche peu à peu et l'arbre meurt. En arrosant à temps les feuilles, les branches et les racines, en lavant la tige, on prévient le mal ou on le fait cesser; mais il ne faut pas arroser à contretemps ni se servir d'eau trop froide, car on peut par là provoquer cette maladie.

Un sol marécageux, le défaut d'écoulement des eaux produisent souvent le brûle intérieur et enfin le mal signalé plus haut. Dans ce cas le mieux est de creuser de petits fossés qui absorbent les eaux surabondantes; ce moyen, accompagné de saignées pratiquées sur l'écorce, fera cesser le mal s'il n'est pas trop invétéré.

§ VIII. — JAUNISSE.

C'est une maladie qui peut atteindre les arbres fruitiers de toutes les espèces, mais qui attaque plus particulièrement les poiriers. Les sujets jeunes et vigoureux n'en sont pas plus à l'abri que les sujets vieux et débiles ; vingt-quatre heures lui suffisent quelquefois pour prendre tout son développement ; mais en général ses ravages ne sont pas très-rapides, et l'origine de la maladie date de loin. La jaunisse attaque les arbres à diverses époques de leur pousse, souvent même dès l'émission des feuilles. Ces dernières perdent peu à peu leur couleur verte, jaunissent et tombent avant le temps.

Une altération complète se manifeste dans toutes les parties de l'arbre : l'écorce extérieure s'aplatit, se serre sur le bois, et prend une teinte pâle ou jaunâtre ; enfin, la sève se dessèche dans les pousses de deux ans comme dans celles de l'année et finit par tarir tout à fait; la moelle elle-même jaunit, puis devient noire. Les boutons à bois et ceux à fruits, imparfaitement formés, sont chétifs; les extrémités des branches s'amincissent, et deviennent aussi noires que si elles avaient passé par le feu; les rameaux, privés de leur sève, se brisent facilement à la moindre pression; les fruits, s'il en reste, sont jaunâtres, petits et d'un goût fade.

Cette maladie provient le plus souvent d'un sol défectueux, soit qu'il n'ait pas assez de profondeur, soit qu'il ne puisse pas fournir aux racines toute la nourriture que demande la croissance de la couronne. Souvent aussi elle est la conséquence de blessures faites aux racines par des vers bouviers, des souris, etc.

Si l'on est convaincu que la cause ne réside pas dans le terrain, il faut examiner les racines de l'arbre. Pour cela on les découvre partiellement, et si les appréhensions sont fondées, on les rafraîchit; on détruit les animaux malfaisants; on entoure ses racines de bonne terre, on l'arrose plusieurs fois avec de l'eau de fumier coupée, jusqu'à ce qu'il montre une nouvelle végétation plus vigoureuse. Si les arbres attaqués par la jaunisse sont jeunes, il vaut mieux les arracher entièrement ; on examine leurs racines, on retranche toutes les parties endommagées, on raccourcit les branches, et on les replante dans un terrain plus convenable. En général, il est bon d'inspecter le plus tôt possible les racines des arbres attaqués par la jaunisse ; s'ils sont plantés dans un mauvais terrain, il faut chercher à améliorer ce dernier ; mais, lorsqu'on emploie des engrais, il faut avoir soin de ne pas les mettre en contact trop immédiat avec les racines. On doit donner la préférence aux engrais liquides, tels que les eaux grasses, le sang ; en automne, on couvre avec du fumier de vache bien consommé la surface du sol, tout autour de l'arbre, aussi loin que s'étendent ses branches : c'est un excellent moyen de raviver des arbres qui sont déjà forts. Les eaux grasses de cuisine, qu'on a laissé fermenter suffisamment dans un réservoir, sont un excellent remède contre la jaunisse.

Dans les grandes sécheresses, qui engendrent souvent cette maladie, il faut que l'arbre soit copieusement arrosé. Par l'emploi de ces remèdes, beaucoup d'arbres ont été guéris au bout de quinze jours; mais souvent la guérison ne s'achève qu'au printemps suivant.

Cette maladie est plus fréquente chez les poiriers greffés sur coignassier que chez les autres.

§ IX. — HYDROPISIE.

Cette maladie est presque toujours le résultat d'un emplacement défavorable; elle attaque surtout les arbres qui ont souffert du froid ou qui ont perdu leur vigueur par suite d'un traitement mal entendu. Ceux qui en sont atteints ont une apparence maladive; leurs feuilles, d'un vert pâle, jaunissent promptement et tombent; les jeunes pousses, qui deviennent de plus en plus chétives, ne sont plus en état de recevoir et d'absorber la sève trop abondante; celle-ci est donc forcée de se frayer de nouveaux passages; les vaisseaux où elle circule s'élargissent de plus en plus; enfin elle s'en échappe en les brisant lorsque leur élasticité ne répond plus à son expansion.

L'écorce prend une apparence spongieuse, et à la moindre pression il en coule une certaine quantité d'eau ; ensuite, la peau supérieure se pèle d'elle-même, les liquides s'évaporent, les tubes se dessèchent, et l'arbre finit par périr entièrement épuisé.

L'absence de lumière solaire et la surabondance d'oxygène qui en résulte, des pluies continuelles, en un mot, une exposition humide, froide, trop ombragée, sont généralement les causes de cette maladie.

Pour sauver les arbres qui en sont atteints, il faut faire disparaître, autant que possible, les obstacles qui les privent de l'influence bienfaisante de la lumière et du soleil ; on les saigne, afin d'écarter l'humidité surabondante ; par la taille des pousses d'été on cherche à rétablir leur sensibilité et à stimuler l'activité du système cellulaire et des canaux où circule la sève ; on répand parfois autour de l'arbre du poussier de charbon, du vieux mortier provenant de démolitions, de la marne, des cendres de hêtre, de la suie et autres substances énergiquement stimulantes. Si en même temps on retranche les branches ou les rameaux qui sont le plus attaqués, on est presque toujours sûr de sauver le sujet, à moins que la maladie ne soit trop avancée.

§ X. — MIÉLAT, NIELLE.

Le miélat est une substance gluante, douceâtre et transparente, qui fait contracter les parties délicates des petits vaisseaux et semble arrêter la circulation de la sève; les feuilles et les rameaux, quelquefois des arbres entiers, sont détruits par les atteintes de ce mal.

C'est au printemps, lorsque la sève est en pleine activité et qu'une nuit froide succède à une journée chaude, que cette maladie se développe. Ce changement subit de température arrête la transpiration dans les fleurs et dans les feuilles; alors la sève s'épaissit; le lendemain, le retour des rayons ardents du soleil produit une recrudescence dans la circulation de la sève, qui est chassée à travers les pores vers la surface du végétal, où elle se montre sous l'aspect d'une liqueur gluante. Les pucerons, qui apparaissent ordinairement après le miélat, n'en sont pas la cause, comme plusieurs pomologues le prétendent, mais la conséquence. Comment ces insectes engendreraient-ils le miélat, puisqu'ils n'arrivent qu'après la production de ce dernier? En effet, cette maladie frappe souvent les arbres dès l'instant où les boutons commencent à gonfler, et les pucerons n'apparaissent qu'après le développement des boutons à fleurs et à feuilles. De plus, ils n'attaquent ordinairement que des espèces de poiriers délicates, dans des jardins clos ou abrités des vents.

Le miélat se montre souvent à la suite d'un brouillard sec, qui est fréquemment suivi d'un refroidissement de l'atmosphère, ainsi que cela est arrivé au printemps de 1839. La stagnation de la sève qui résulte de cet abaissement de température fait contracter et rétrécir les vaisseaux, de sorte qu'il y a expansion de celle-ci à la surface des feuilles. Ce qui prouve suffisamment que cette maladie est provoquée par un changement trop brusque de la température, c'est que, si une journée fraîche et sombre succède à une nuit froide ; si le mois de mai est plutôt frais que chaud ; s'il règne, le jour et la nuit, une température uniforme, la sève, ne se liquéfiant que lentement, conserve sa circulation normale, et il ne se produit pas de miélat. Des arbres placés à l'ombre, qui ne sont fortement échauffés par le soleil ni avant ni après une nuit froide, sont rarement exposés à cette maladie.

Il ne faudrait pas prendre pour des symptômes du miélat les gouttes de miel que l'on voit quelquefois sur les boutons à fleurs gonflés, mais non encore épanouis, des pommiers; elles proviennent des ravages d'insectes qui s'introduisent, en les rongeant, dans l'intérieur des boutons, dont ils déterminent la perte. Si ces insectes sont nombreux, ils peuvent entraîner la ruine de toute la récolte. Les plus nuisibles sont la petite chenille *phalaris auriflua*, et plusieurs espèces de celles qui roulent les feuilles, et dont il sera question plus bas.

Le miélat n'attaque généralement que les pommiers, rarement les poiriers, et presque jamais les arbres à noyaux. S'il s'agit de jeunes arbres, il suffit souvent pour les guérir d'arroser légèrement leurs feuilles; mais quant aux grands arbres, pour lesquels ce moyen ne peut être employé, il n'y a qu'une forte pluie qui puisse rétablir la transpiration et par suite la santé du sujet qui est atteint.

La *nielle* ou le *blanc* est une matière blanchâtre et glaireuse qui apparaît en couche mince, comme de la farine, sur les plantes; elle nuit à leur santé en obstruant leurs pores. Les opinions diffèrent beaucoup sur l'origine de cette dangereuse maladie; elle est assez commune chez les pêchers, où elle se montre surtout après une pluie douce.

Au nombre des remèdes à employer contre cette maladie, on cite les cendres de tabac, dont on saupoudre les feuilles après les avoir préalablement humectées. Un horticulteur anglais, James Scirke, prétend avoir guéri la *nielle* sur ses nombreux pêchers en enlevant soigneusement, en janvier ou février, toute la vieille terre des racines des arbres malades, et en la remplaçant par de la terre fraîche et du gazon décomposé, sans aucune espèce d'engrais. *Towo-*

send cite comme moyen efficace, pour détruire la nielle, des ablutions à l'eau de chaux répétées pendant plusieurs soirées consécutives. Comme ce moyen est d'une efficacité reconnue contre les pucerons, la mousse, etc., son usage est surtout à recommander pour les espaliers.

§ XI. — CLOQUE.

Cette maladie, qui affecte principalement les pêchers, se développe le plus souvent depuis les premières semaines du printemps jusqu'au mois de juin. Alors les feuilles se ramassent subitement, se recoquillent, se remplissent de bulles; leur tissu s'épaissit et se bouffit; la surface en devient rude et prend une couleur rouge, jaune et blanche. Souvent cette maladie attaque les jeunes pousses, qui prennent alors une teinte d'un blanc jaunâtre, cessent de croître, se fanent, sèchent et tombent. Les fruits se froncent et se gâtent; en un mot, toute l'économie de l'arbre est troublée.

La cloque est le résultat d'un refroidissement; car c'est au printemps, lorsqu'après plusieurs journées chaudes, qui accélèrent la végétation, il arrive des vents froids qui arrêtent l'évaporation et l'aspiration (1), qu'on la voit ordinairement se manifester. Si le mal n'est pas très-grave, il n'y a rien à faire qu'à retrancher les pousses et les feuilles attaquées et à donner quelquefois de nouvelle terre à l'arbre; mais si tout le pêcher ou seulement la plus grande partie de ses feuilles en est atteint, il faut, aussitôt que la température se radoucit, retrancher la moitié ou les deux tiers des jeunes branches sur lesquelles se trouvent le plus grand nombre des feuilles recoquillées. La taille devra se faire au-dessus d'une branche latérale qui promet une nouvelle pousse. Il faut aussi enlever entièrement les feuilles tout à fait gâtées. De cette manière l'arbre se rétablira bientôt et ses fruits arriveront à maturité.

§ XII. — GALE.

Cette maladie n'atteint que quelques espèces

(1) De tous les arbres fruitiers, le pêcher est le plus sensible aux variations de température, à cause de la grande abondance de sa sève.

de poiriers d'une nature délicate ; elle ne se montre qu'au printemps, sur les pousses de l'année, sur l'épiderme desquelles on voit apparaître de petites bulles qui se détachent et s'ouvrent au bout de quelque temps. La seconde année, il se forme à la même place, sur l'écorce même, des bulles un peu plus fortes ; la troisième, le tissu cellulaire en est attaqué et détruit ; la moelle brunit et la branche meurt, si c'est une brindille ou une lambourde. L'écorce du tronc ou de la branche, en se pelant de plus en plus et en se détachant par petits morceaux, prend une apparence ardoisée ou galeuse.

Plus la branche est grêle, plus elle grossit lentement, et plus cette maladie est dangereuse ; mais elle est surtout pernicieuse pour les brindilles et les branches à bois ; car elle pénètre jusqu'au cœur de ce dernier et le fait mourir.

La gale se rencontre rarement dans un terrain sec et brûlant, et elle y offre moins de dangers. Plus le terrain dans lequel les arbres se trouvent est humide, plus les espèces originaires de climats plus chauds sont exposées à cette maladie ; parmi celles-ci nous citerons la *berga-*

motte et la *culotte suisses*, la *bergamotte de Soulers*, *de Bugy*, le *beurré gris*, etc., etc.

Pour débarrasser les arbres de la gale, on les couvre en automne et au printemps d'une couche de lait de chaux ; on gratte jusqu'au vif la partie entamée, et on recouvre la plaie avec un onguent composé de bouse de vache et de terre glaise. Les arbres traités de cette manière reprendront bientôt une nouvelle écorce lisse qui ne sera plus attaquée par cette maladie.

Il est toujours prudent de ne pas planter les espèces de poiriers délicates, telles que celles que nous avons indiquées tout-à-l'heure, dans des terrains qui ne leur conviennent pas parfaitement ; il existe assez d'autres espèces qui les valent ou les surpassent. Si néanmoins on veut les élever en espalier, on fera bien de leur donner une exposition favorable et de les greffer sur des sujets de choix, comme, par exemple, l'épine blanche. L'usage qu'on a fait de cette greffe a prouvé que les sujets qu'elle produit poussent vigoureusement, fructifient de bonne heure et ne sont jamais atteints de maladies.

§ XIII. — ÉCAILLEMENT DE L'ÉCORCE.

Chez les vieux arbres ce phénomène doit être considéré comme une conséquence naturelle de l'âge ; mais chez les jeunes sujets c'est un indice que l'arbre et l'écorce sont malades. Des portions de celle-ci sèchent et meurent, puis sont repoussées par la couche inférieure qui s'est formée nouvellement sous elles.

Les causes de cette maladie sont : une transition trop brusque du froid au chaud, de la sécheresse à l'humidité ; la transplantation d'un terrain maigre et sec dans un terrain gras ; des engrais trop riches, qui stimulent trop vivement la croissance, de telle sorte que la partie supérieure de l'écorce, qui ne s'étend pas suffisamment pour élaborer la sève, se fend en plusieurs endroits. Si on porte secours à l'arbre en temps convenable, soit en frottant sa tige, soit en lui faisant une saignée, la maladie disparaîtra bientôt. Il faut avoir soin de gratter les parties desséchées de l'écorce, afin qu'elles ne puissent pas servir de refuge aux insectes.

§ XIV. — TEIGNE.

Les tiges et les branches des arbres attaqués de cette maladie sont recouvertes d'une mousse fine, d'un jaune verdâtre, qui bouche les pores et arrête la transpiration. La teigne a pour origine un terrain trop maigre, une couche trop mince de terre végétale, un sol pierreux, trop ombragé ou trop humide. La maladie une fois déclarée, les vaisseaux ne peuvent plus remplir leurs fonctions et les arbres se couvrent de mousse.

On doit profiter d'une pluie pour nettoyer entièrement l'arbre ; on emploie à cet effet une brosse pour les petites branches et une raclette pour le tronc et les grosses branches. Dans le cas où la mousse se représenterait, on répéterait l'opération. Cependant cela sera rarement nécessaire si on a combattu la cause du mal, soit en apportant des engrais convenables, soit en donnant plus d'air, soit en pratiquant des fossés pour l'écoulement des eaux, suivant les circonstances qui auront produit la maladie.

C'est encore dans cette occasion qu'un enduit de lait de chaux sera très-efficace.

Une autre espèce de gale, à laquelle les abricotiers sont plus particulièrement sujets, provient d'insectes qui se nichent sous l'écorce ; leurs œufs se développent au printemps ; les petites chenilles, qui éclosent par une belle journée, rongent d'abord le pistil et les étamines des fleurs, ce qui détermine leur chute ; ensuite elles attaquent les feuilles et les jeunes pousses, et causent ainsi le plus grand préjudice à la récolte suivante. Plus tard elles s'enveloppent dans des feuilles, se transforment en chrysalides, reparaissent peu de temps après sous forme de papillons, déposent de nouveau leurs œufs dans l'écorce et meurent ensuite.

Le meilleur moment pour les détruire est le mois de février, surtout après une pluie qui a mouillé l'écorce. Pendant la taille et le palissage, on examine chaque branche en détail et on détruit les nids, qu'on reconnaît facilement à leur couleur pâle.

§ XV. — TANNÉE.

La tannée résulte d'une trop grande abondance de sève; elle se manifeste, surtout en été, après une pluie chaude et continue. Les vaisseaux sont brisés et détruits; l'écorce supérieure devient tellement friable qu'elle se détache sous les doigts; l'écorce intérieure, qui est alors dégarnie, prend une teinte d'un brun rougeâtre, semblable à celle de la tannée.

Pour remédier à ce mal, il faut enlever les portions d'écorce endommagées, les débarrasser de toute malpropreté et les laver avec de l'eau froide. Quand la plaie a été ressuyée, on la recouvre de poix fondue ou d'un mélange de bouse de vache et de terre glaise, et on l'enveloppe d'un linge.

On a aussi fait des essais satisfaisants avec de la mousse qu'on avait assujettie sur les plaies et qu'on humectait tous les jours. Les arbres furent ainsi entretenus dans leur croissance et refirent une nouvelle écorce.

§ XVI. — MOUSSE ET PLANTES PARASITES.

La mousse empêche l'air et le soleil d'exercer leur influence sur l'écorce, arrête la transpiration et l'aspiration, attire l'humidité à la manière d'une éponge, augmente l'influence du froid, et sert d'asile à une foule d'insectes qui y déposent leurs œufs.

Elle résulte de plusieurs causes. On la trouve sur de jeunes arbres quand ils sont placés dans un terrain humide, trop ombragé, ou exposé aux inondations. Si la mousse prend un trop grand développement, elle fait dépérir la sève, et ce dépérissement même facilite son extension et sa croissance. On trouve aussi la mousse sur de jeunes arbres placés dans des terrains secs et aérés; dans ce cas elle provient du défaut de nourriture, et, par suite, de force vitale. Elle ne manque presque jamais de se produire lorsqu'un arbre élevé dans une bonne terre est transplanté dans un terrain de mauvaise qualité. Dans l'un et l'autre cas l'écorce manque de la sève nécessaire; l'épiderme meurt peu à peu, se dessèche, entre en pourriture sous l'influence de l'humidité de l'atmosphère qui y pénètre, ce qui permet à la mousse de s'y développer.

Par les mêmes raisons, elle est sur les vieux arbres un résultat immédiat de la vieillesse, qui entraîne nécessairement le desséchement de l'écorce.

La mousse peut aussi être propagée par la semence que le vent apporte sur les arbres sains ; ce cas se présente surtout chez ceux dont l'écorce est rude, parce que l'humidité, y séjournant plus longtemps, favorise sa végétation. C'est pour cela qu'on la trouve moins rarement sur des cerisiers que sur des pruniers, plus souvent sur de vieilles branches que sur les jeunes.

Si la mousse a pris assez d'extension pour que les petites branches en soient aussi recouvertes, l'arbre ne pousse plus et la végétation s'arrête complétement. Quoique l'arbre fleurisse au printemps, il donne rarement du fruit ; ses feuilles trahissent par leur extérieur jaunâtre son état de souffrance . elles tombent ordinairement au moment où lés autres arbres sont encore ornés de leur plus belle parure.

Il ne faut pas attendre, pour détruire la mousse, que le mal soit devenu incurable. On l'enlève, dès qu'elle apparaît, avec une raclette particulière destinée à cet effet ou avec le dos d'une serpette; on frotte le tronc à l'aide d'un torchon de laine ou avec une brosse, après l'avoir préalablement lavé avec de la lessive ordinaire ou avec celle des fabricants de savon, et l'avoir laissé ressuyer. On parvient presque toujours par ce moyen très-simple à la détruire complétement. Pour conserver à l'écorce des arbres toute sa netteté, il faut, tous les deux ou trois ans, enduire le tronc et les branches principales avec un lait de chaux un peu épaissi, ce qui détruit jusqu'aux racines les plus fines de la mousse. Quant aux jeunes sujets, il suffit de les revêtir d'une simple couche de lait de chaux pour les en débarrasser.

Si la cause de cette maladie réside dans un terrain humide, moussu ou gazonneux, il faut ameublir la terre autour de l'arbre jusqu'à une distance de 0m,65 ou à 1 mètre, enlever toute

5

la mousse et dégarnir légèrement de la terre qui la recouvre la partie inférieure du tronc, afin de mettre à l'air le collet de l'arbre, ce qui lui fait perdre sa disposition à la mousse. Au printemps, on répand de la chaux ou des cendres sur le terrain ameubli, et on donne de temps en temps quelque façon afin qu'aucune nouvelle plante parasite ne puisse s'y établir. Il faut aussi écarter par des saignées l'humidité surabondante, car on ne réussira pas à déraciner le mal si le terrain n'est pas assaini. Lorsque la mousse, comme il arrive dans les terrains maigres, résulte d'un manque de nourriture et de force vitale, il faut améliorer le sol par une addition de terre substantielle ou d'engrais. On ajoute à la culture donnée en automne l'enduit de lait de chaux indiqué plus haut, après avoir toutefois enlevé auparavant la mousse avec un grattoir.

Il y a encore une foule d'autres plantes parasites qui s'établissent sur les arbres, dont elles arrêtent la croissance ou accélèrent la décrépitude parce qu'elles puisent leur nourriture dans la sève destinée au développement du sujet.

Parmi ces plantes parasites on peut compter :

A. *Branches gourmandes.*

Elles aspirent fortement la sève et enlèvent aux autres branches la nourriture qui leur est destinée ; si on ne les retranche pas à temps, elles peuvent occasionner la mort de l'arbre. Les branches gourmandes, communes sur les cerisiers, sont assez rares sur les poiriers ; elles sont ordinairement groupées en faisceau et se distinguent à leur végétation irrégulière et sauvage. Elles prennent naissance dans une excroissance en bourrelet, située généralement au milieu ou à l'extrémité supérieure des maîtresses branches. La couleur de leur écorce est beaucoup plus foncée que celle des autres ; quoiqu'elles fleurissent souvent beaucoup, on n'y voit jamais de fruits. Leurs feuilles sont tellement grandes, tellement nombreuses, qu'on reconnaît de loin ces branches à leur extérieur touffu.

Bien que la branche principale ne cesse de prendre du développement, le cœur du bois s'amollit, devient spongieux, et on y remarque de nombreux points noirs. Si on retranche à temps les branches parasites, si on recouvre les plaies avec de la poix fondue et qu'on pratique une saignée à l'arbre, la guérison ne se fera pas attendre, et le traitement aura rarement besoin d'être renouvelé.

B. *Eponges.*

Il en existe de plusieurs espèces ; les plus nuisibles sont :

1° L'Eponge qui s'attache à l'écorce.

On la trouve généralement sur des arbres plantés dans un terrain bas, trop ombragé, ou qui repose sur un sous-sol trop gras ou boueux. De longues pluies peuvent aussi l'engendrer. Dès sa naissance elle s'attache aux parties dures et écailleuses de l'écorce ; quelquefois aussi elle se montre dans les fentes, sous forme de petites excroissances très-tendres qui paraissent d'abord insignifiantes, mais qui peu à peu prennent un si grand développement qu'elles peuvent déranger toute l'économie de l'arbre. Il

faut les enlever dès qu'on les aperçoit, et gratter jusqu'au vif la vieille écorce. On recouvre ensuite l'arbre d'un lait de chaux et on donne une culture autour du tronc ; ce traitement fera bientôt reprendre à l'arbre une belle apparence.

2° L'Eponge à bois.

Très-tendre dans l'origine, elle se durcit en peu de temps et ne tarde pas à atteindre une densité égale à celle du bois; elle est en outre tellement adhérente à l'écorce et au bois par ses racines, qu'on ne peut l'en détacher qu'en employant une grande force. Dès qu'on l'aperçoit, il faut la couper avec un instrument tranchant et recouvrir ensuite la plaie d'un enduit de cire ou de poix fondue. Si on la laissait se développer, elle atteindrait bientôt des dimensions considérables, déterminerait la putréfaction de la sève, et donnerait ainsi lieu à d'autres maladies.

3° L'Eponge des racines.

Cette dernière est la plus dangereuse de toutes, car elle absorbe la meilleure partie de la nourriture de l'arbre auquel elle s'attache et le fait mourir sans qu'on puisse apercevoir soit au tronc, soit aux branches, aucun indice d'une maladie quelconque. Cette espèce d'éponge se montre ordinairement dans les terrains humides; elle y est quelquefois en si grande quantité que les parties supérieures des racines en sont entièrement couvertes. Par un temps sec elles disparaissent, mais elles se représentent aussitôt qu'il tombe des pluies continues. Il faut, pour les extirper, enlever d'abord un peu de terre autour du tronc sans découvrir les racines, retrancher les éponges, saupoudrer la terre et l'arbre avec de la chaux pulvérisée; on garantit les plaies de l'action de l'atmosphère avec un ciment; en même temps on saigne le terrain en pratiquant de petits fossés, pour faire disparaître l'humidité surabondante.

C. *Gui.*

Cette plante parasite se développe sur presque toutes les espèces d'arbres, mais principalement sur les vieux pommiers et les vieux poiriers;

elle est vivace, toujours verte et ligneuse ; sa tige, qui atteint quelquefois une épaisseur de 0^{m},05 à 0^{m},06, émet des rejets à sa base. Le fruit de cette végétation, qui porte des fleurs jaunes auxquelles succèdent des baies rondes, blanchâtres, renfermant une liqueur gluante, est fort recherché par les grives ; c'est par elles que la semence du gui est déposée sur les arbres lorsqu'elles aiguisent leur bec sur l'écorce. Quoique cette plante pousse très-lentement, elle est cependant très-nuisible par l'extension que prennent ses racines. Les branches qui se trouvent aux environs du gui languissent, se dessèchent, et il finit par prendre leur place. Quoique cette plante soit utile en médecine et qu'on recherche sa semence et son écorce pour la préparation de la glu, il ne faut jamais la tolérer sur les arbres fruitiers, qu'elle épuise ; il faut la retrancher aussitôt qu'on s'aperçoit de sa présence, et recouvrir la plaie avec de la poix fondue ou avec quelque autre onguent.

CHAPITRE III.

Maladies des racines.

Comme nous avons déjà eu occasion de le dire, il arrive souvent que les arbres sont traités, à l'époque de leur plantation, avec beaucoup trop de négligence ; les racines reçoivent alors des blessures qui les rendent incapables de puiser dans le sol la nourriture nécessaire au végétal. De là résultent le chancre, le brûle, la moisissure. Enfin la moëlle se corrompt, et le sujet meurt en peu de temps.

Il n'est pas sans inconvénient pour les arbres d'être placés dans le voisinage des dépôts de fumier ou autres matières corrosives, qui, après avoir détruit le chevelu, finissent par attaquer les autres parties des racines. Les engrais trop forts, tels, par exemple, que les résidus des savonneries, la chaux, et d'autres substances contenant des sels, produisent les mêmes effets, surtout lorsque ces matières sont mises en contact immédiat avec elles. Néanmoins, si malgré toutes les précautions, les racines d'un arbre avaient reçu trop d'engrais liquide, il faudrait enlever, autant que possible, la terre qui en a été imprégnée, et la remplacer par de la terre glaise pure ou mélangée de marne; cette terre possède non-seulement la faculté d'aspirer toute l'humidité nuisible, mais elle a encore d'autres vertus salutaires. Si ce moyen ne peut être employé, il faut, pour arrêter le mal dans sa source et amoindrir l'effet du liquide corrosif, arroser copieusement avec de l'eau pure. Le remède sera d'autant plus efficace qu'il aura été appliqué plus tôt.

Un hiver très-rigoureux ou très-humide suffit quelquefois pour faire périr les racines des arbres plantés dans des terrains très-meubles, trop humides ou trop fumés.

La rouille peut provenir d'un terrain trop pierreux, trop sec, trop humide et ferrugineux; cette maladie attaque principalement les extrémités des racines, qui deviennent jaunes ou brunes, ensuite noires, et qui enfin se couvrent de moisissures. Lorsque les arbres commencent à en souffrir, leurs feuilles jaunissent et se dessèchent. Les vieux arbres ne peuvent être sauvés qu'en améliorant le terrain ; quant aux jeunes sujets, on peut avoir recours à la transplantation. Dans ce cas il faut examiner avec soin les extrémités des racines, retrancher les parties endommagées et les entourer de bonne terre substantielle. La taille achèvera la guérison.

Si les racines ont été attaquées par des rats ou des souris, il faut d'abord tailler les branches très-court, et, après avoir lavé les racines, les envelopper de chiffons de laine ; en un mot replanter l'arbre comme nous l'avons indiqué en parlant de la *consomption*. Nous avons donné plus haut le moyen d'extirper l'éponge qui s'attache aux racines ; nous n'avons donc pas à y revenir.

CHAPITRE IV.

Guérison des plaies et préparation des ciments et onguents.

Quelques soins qu'on puisse donner aux arbres, il n'arrive que trop souvent qu'ils sont blessés, que leur écorce est meurtrie, déchirée d'une manière ou d'une autre ; ces lésions sont toujours nuisibles à leur santé, à moins qu'on n'y porte remède. Pour obtenir une guérison aussi complète que possible, il faut d'abord enlever jusqu'au vif la partie lésée et garantir la plaie du contact de l'air et de l'humidité. Ce soin n'est pas moins nécessaire aux arbres qu'aux animaux. Sans cette précaution, l'air, la pluie, le soleil et d'autres influences atmosphériques engendrent bientôt la pourriture, qui, en s'étendant de proche en proche, finit par envahir tout l'arbre. Toute espèce d'entaille, de fente ou de déchirure, tant aux branches que sur le tronc, doit donc être nettement coupée avec un instrument tranchant ; on arrondit ensuite la plaie, et on enlève avec soin tous les filaments, toutes les écailles. Quant aux lésions anciennes, il faut ôter tout le bois gâté ou pourri et recouvrir les blessures avec un ciment ou un onguent, afin d'empêcher l'écoulement de la sève et d'accélérer leur cicatrisation.

Pour recouvrir les grandes plaies on emploie de préférence du *ciment ;* pour les petites et pour les greffes on se sert d'*onguent.* Parmi toutes les recettes que nous connaissons, il nous a paru suffisant d'indiquer les suivantes :

A. *Ciment de Forsyth.*

Ce ciment, qui valut à son inventeur, William Forsyth, jardinier royal à Hensington, en Angleterre, de la part du roi George III, une récompense de 30,000 florins, se compose de 4 parties de bouse de vache fraîche, 2 parties de mortier de démolition pulvérisé et tamisé, ou, à défaut, d'une égale quantité de craie ou de chaux que l'on a laissée se réduire en poussière au contact de l'air ; 2 parties de cendres de bois passées au tamis fin, auxquelles on ajoute un quart de sable de rivière également tamisé. On fait du tout une pâte que l'on pétrit jusqu'à consistance d'un ciment fin. Pour conserver longtemps ce ciment, il faut le mettre dans un pot de terre et le couvrir d'urine ou de lessive, afin de l'empêcher de durcir. Quand on veut s'en servir, on en délaie une certaine quantité avec de l'urine, de manière à ce qu'il puisse s'étendre facilement. On retranche alors jusqu'au vif avec une serpette tout le bois mort ; on arrondit soigneusement le bord de l'écorce et on applique ensuite sur la plaie une couche de ciment d'environ $0^{m},004$, dont l'épaisseur diminue vers les extrémités. Cela fait, on saupoudre la surface avec des cendres de bois tamisées, auxquelles on a préalablement mêlé 1/6 de leur poids de cendres d'os pulvérisés, et on frotte légèrement avec la main. Au bout d'un quart d'heure ou d'une demi-heure, quand le mélange de cendres a absorbé l'humidité du ciment, on saupoudre de nouveau (on peut se servir à cet effet d'une boîte percée de petits trous). On répète cette dernière opération jusqu'à ce que la surface du ciment soit devenue sèche et brillante.

Appliqué avec ces précautions, ce recouvrement peut braver toutes les intempéries; il ne tombe ordinairement que quand la plaie est entièrement cicatrisée. Si le ciment se détachait par hasard de l'écorce, il faudrait le recoller après une pluie, afin que l'air et l'humidité ne pussent pas pénétrer dans la blessure.

B. *Ciment de Christ.*

Il se compose de 1 partie de terre glaise sèche et pulvérisée, 1 partie de bouse de vache fraîche, bien purgée de paille, et d'un peu de poil de bœuf sec suffisamment divisé. On fait de tout cela une pâte un peu ferme, qu'on étend sur une pierre plate, et on y verse peu à peu de la térébenthine épaisse, après l'avoir préalablement fait chauffer sur un feu modéré. On pétrit ce mélange à l'aide d'une spatule en bois, et on arrête l'addition de térébenthine lorsqu'on est parvenu à former du tout une pâte homogène et consistante.

Ce ciment, qui convient parfaitement pour garantir les plaies des arbres de toutes les intempéries, demande à être conservé dans un pot recouvert avec une vessie et placé dans la partie la plus humide de la cave, ou mieux encore enterré, car il se dessèche et durcit à l'air.

Il peut aussi remplacer, dans la greffe des grands arbres, la cire à greffer, qui est bien plus dispendieuse.

C. *Ciment de Gruner.*

Prenez environ 40 grammes de cendres de bois, 70 à 90 grammes d'ocre, autant de térébenthine épaisse que vous ferez fondre sur le feu, et 500 grammes de céruse. Broyez le tout sur une pierre à broyer avec un poids égal d'huile de lin. On conserve le mélange dans un pot bien fermé; il faut le couvrir d'un peu d'huile de lin pour empêcher qu'il ne durcisse.

Lorsqu'on veut se servir de ce ciment, on penche le pot afin que l'huile s'amasse d'un côté et qu'on puisse en prendre de l'autre avec facilité. On en applique d'abord sur la plaie une première couche mince ; quand celle-ci est sèche, on la recouvre d'une seconde couche.

D. *Nouveau ciment.*

3 parties de chaux pulvérisée et tamisée ; 1 partie de charbon pulvérisé, le tout broyé avec assez d'huile de lin pour qu'on puisse l'étendre avec un pinceau un peu roide, telle est la composition de ce ciment, auquel une addition d'un peu d'ocre jaune ou brune donne la nuance qu'on préfère. Une seule couche mince est suffisante.

E. *Onguent.*

L'onguent le plus simple se compose de parties égales de terre glaise fraîche et de bouse mélangée et pétrie avec du poil de vache. Cet onguent, qui suffit dans la plupart des cas, surtout pendant des temps secs, peut aussi être employé pour greffer, parce qu'il conserve longtemps l'humidité, ce qui est très-avantageux à la reprise des greffes. Quelquefois on emploie simplement de la bouse de vache, au moyen de laquelle on parvient à guérir mainte plaie. Lorsqu'on se sert de ces préparations, il faut bander la plaie avec un morceau de vieux linge, afin que la pluie n'enlève pas l'onguent.

F. *Cire à greffer.*

Première recette.

On prend 250 grammes de cire jaune, 125 grammes de résine et 125 grammes de térébenthine épaisse; on met la cire et la résine dans un pot de terre et on les fait fondre sur un feu modéré; on fait fondre dans un autre vase la térébenthine, en prenant garde qu'elle ne s'enflamme; lorsqu'elle est liquéfiée, on la mêle avec le reste, et on verse ensuite la masse dans une écuelle contenant un peu d'eau froide. Lorsque le tout est bien pétri, on en forme des bâtons ou des boules.

Deuxième recette.

Prenez 65 grammes de cire jaune, 4 grammes de saindoux, et faites fondre sur un feu modéré. Ajoutez, après l'avoir rendue liquide, 20 grammes de térébenthine épaisse, et 4 grammes d'huile de pin distillée ; mélangez bien le tout et donnez-lui une forme quelconque.

Cette cire a l'avantage de pouvoir être appliquée en couches très-minces, de ne pas s'attacher aux doigts, d'adhérer facilement aux bois humides et de ne pas être emportée par les abeilles ou les autres insectes.

Troisième recette.

On mélange, comme nous venons de l'indiquer, 250 grammes de cire, 250 grammes de résine et 190 grammes de térébenthine. Après avoir fait fondre et laissé refroidir le mélange, on y ajoute 8 à 10 grammes d'aloès, afin d'en éloigner les insectes.

Quatrième recette.

Faites fondre ensemble dans un pot de terre, sur un feu doux, 95 grammes de poix, 65 grammes de résine, autant de cire jaune et 45 à 50 grammes de suif ; agitez bien le mélange, versez-le dans l'eau froide, et faites-en des bâtons.

Cinquième recette.

Faites chauffer de l'écume de poix; ajoutez-y des cendres tamisées, du son ou de la farine, en quantité suffisante pour donner au mélange une certaine consistance.

On se sert de cette cire dans la pépinière pour greffer les sauvageons; on l'emploie aussi pour fermer les plaies des grands arbres, principalement celles des cerisiers.

Sixième recette.

On fait fondre ensemble 250 grammes de cire jaune, autant de poix noire de cordonnier et de térébenthine épaisse, plus 65 grammes de suif; on verse le tout dans un pot contenant de l'eau froide et on en fait des bâtons. Cette composition est d'un emploi avantageux dans les temps rigoureux.

Septième recette.

Prenez parties égales d'huile de baleine et

de poix ; faites d'abord fondre la poix dans un pot de terre; ajoutez ensuite l'huile de baleine et mélangez. Cette préparation, très-usitée en France, s'applique à froid avec un pinceau.

Huitième recette.

Faites fondre 500 grammes de poix, ajoutez-y 65 grammes de saindoux, et mêlez. Ce mélange s'applique tiède, avec un pinceau.

Il suffit, pour entretenir cette cire liquide pendant toute une journée, de faire un peu de feu dans un grand pot à fleurs, et d'y jeter quelques morceaux de mottes ; quand ces dernières sont bien allumées, on pose dessus le vase qui contient la cire. Une seule motte ajoutée de temps à autre donne assez de chaleur pour maintenir la poix à l'état liquide.

La cire à greffer que nous indiquons en dernier lieu permet non-seulement d'opérer plus rapidement qu'avec la cire à greffer ordinaire, mais encore ce mélange paraît plus avantageux à la reprise des greffes mêmes; cela tient probablement au degré de chaleur auquel on l'emploie, et qui a pour résultat d'attirer la sève du sujet et de l'amener plus promptement aux greffes. Sur des arbres bien en sève, il est presque impossible d'appliquer avec succès de la cire à greffer ; avec de la poix chaude on ne rencontre aucune difficulté. C'est encore le meilleur remède contre les chancres qui se montrent en été sur des arbres jeunes et vigoureux. Sur les arbres à noyaux le résultat est quelquefois surprenant ; la gomme est arrêtée, et les plaies occasionnées par la taille se cicatrisent en peu de temps.

Cette préparation simple et peu coûteuse est facile à employer; elle est sans contredit la meilleure pour les greffes d'été, et en particulier pour celles des fruits à noyaux; nous ne saurions donc trop en recommander l'usage.

Nous terminerons ce paragraphe par quelques conseils sur la manière dont on doit traiter les grandes plaies, c'est-à-dire les profondes excavations qu'on rencontre si fréquemment sur les vieux arbres des vergers.

Ces excavations des branches ou du tronc s'étendent quelquefois jusqu'aux racines; si on n'arrête promptement les progrès de la pourriture, la mort des arbres est imminente. On peut les sauver et les conserver encore pendant de longues années en élargissant l'ouverture, si cela est nécessaire, pour enlever le bois pourri, qu'il faut gratter soigneusement; on remplit ensuite la cavité avec du mortier frais, semblable à celui qu'emploient les maçons. De cette manière on arrête non-seulement les progrès du mal, mais on rajeunit réellement l'arbre, auquel la chaux communique une vigueur dont on s'apercevra aux nouvelles pousses qu'il émettra l'année suivante. Le mortier introduit dans l'arbre, et dont on doit remplir l'ouverture jusqu'au bord, ne tarde pas à se durcir et n'offre plus alors aucun passage à l'humidité.

Si à l'extrémité de l'excavation il n'y avait point d'issue pour retirer les immondices, s'il y avait impossibilité de les sortir par le haut, on pourrait, selon les circonstances, faire une petite ouverture dans le bas de l'arbre.

Lorsqu'il s'agit de creux d'une très-grande dimension, on peut commencer à les combler avec des pierres entremêlées de terre de route, surtout si celle-ci provient de pierres calcaires broyées; on achève de les remplir avec du mortier, afin d'empêcher la pluie et la neige d'y pénétrer. Ce moyen, employé dans ces derniers temps, en France, par le général Higonet, a déjà été indiqué dans la *Revue horticole*.

CHAPITRE V.

Maladies causées par le froid.

C'est au printemps et à l'automne que les arbres sont le plus sujets à souffrir du froid. Il est rare qu'ils gèlent en hiver, à moins que la transition d'une saison à l'autre ne soit trop brusque. Ce n'est que dans les hivers très-rigoureux, comme ceux de 1829 à 1830, de 1837 à 1838, où le thermomètre est descendu jusqu'à 25 ou 30° C. au-dessous de 0, que les arbres souffrent et périssent quelquefois. Cependant ils peuvent être endommagés par un froid modéré, soit après un été très-humide, soit lorsqu'à une longue sécheresse en juillet et août succèdent de longues pluies en septembre ; les arbres recommencent alors à pousser, et ils sont en pleine sève à l'époque où ils devraient se disposer au repos de l'hiver.

Surprise par un froid précoce, comme en 1829 et en 1837, la sève se congèle dans les vaisseaux et entre en décomposition ; les branches et le tronc éprouvent dans ce cas un tel état de souffrance que l'arbre meurt complétement ou en partie. Cette congélation végétale ressemble à celle des animaux ; elle se manifeste par la stagnation, l'inflammation, le gonflement et la rupture des vaisseaux sanguins ou séveux. C'est ainsi que des arbres peuvent périr par un froid modéré, mais prématuré, en automne, tandis qu'un froid plus intense, à une époque plus avancée, n'aurait produit aucun fâcheux effet. En général, toute transition trop brusque du chaud au froid, et réciproquement, nuit à la vie végétale aussi bien qu'à la vie animale. C'est au printemps que les arbres en souffrent le plus; quand, au mois de février ou de mars, arrive une température qui excite les arbres à pousser, et quand cette température est suivie de froids tardifs, des milliers d'arbres, de pieds de vignes, de rosiers, etc., périssent, comme on l'a vu après les hivers de 1829 à 1830 et de 1837 à 1838.

Lorsque des branches ou des rameaux trop tendres ont souffert d'une gelée d'automne, il faut les tailler de suite jusque sur la partie saine, surtout si on a affaire à de jeunes arbres nains ou à de nouvelles greffes. Sous ce rapport, il serait bon de tailler les espèces tendres dès l'automne; car la gelée a bien moins de prise lorsqu'il n'y a plus de branches non aoûtées.

Pour garantir les arbres du froid pendant l'hiver, surtout ceux nouvellement plantés, on couvre leurs racines de feuilles sèches, avec ou sans mélange de fumier. Si l'on avait à sa disposition des teilles de lin ou de chanvre, il faudrait s'en servir de préférence, parce qu'elles éloignent les souris et les rats, qui ne peuvent y établir leurs nids, qu'elles détruisent les mauvaises herbes et ameublissent la terre.

Il est également avantageux de répandre du fumier sur les racines des arbres faits ; c'est un excellent moyen de leur donner de la vigueur et de les préserver de la gelée ; car un arbre sain et vigoureux ne gèle pas aussi facilement qu'un sujet vieux, faible ou malade. Pour empêcher certaines espèces de pousser trop tôt au printemps, on a conseillé de les entourer de glaçons. La fonte progressive de la glace arrête la végétation et ne permet aux arbres de fleurir qu'après que le danger des froids tardifs est passé. Ce moyen a été mis en pratique il y a déjà plusieurs siècles.

Des arbres qui ont assez souffert du froid pour que le bois et la moelle de leurs branches aient pris une teinte presque noire peuvent être sauvés en retranchant les branches qui ne poussent plus, en rapprochant fortement les autres, en faisant des entailles du haut en bas sur l'écorce de la tige, en ameublissant la terre, en l'améliorant si elle est maigre et en l'arrosant de sang.

Si l'écorce de ces arbres a beaucoup souffert, il faut, au lieu d'y faire des entailles, en dépouiller tout le tronc, jusque sur la couche verte intérieure ; ensuite on l'enveloppe de mousse pour le préserver de l'action des rayons du soleil. « De cette manière, dit le pasteur Christ « dans un ouvrage devenu classique, on a pu « conserver des jardins entiers peuplés d'arbres « fruitiers qu'on avait crus gelés ; tandis que « tous les sujets dont l'écorce n'avait pas été « pelée, ou ne l'avait été qu'à la Saint-Jean, « n'ont pu être sauvés. »

On peut encore, après avoir fendu l'écorce, laver l'arbre, depuis les branches jusqu'aux racines, avec un torchon de laine trempé dans un mélange composé d'eau de chaux et de lait, et le brosser ensuite avec une brosse douce ; ou bien faire éteindre une bonne poignée de chaux vive dans deux litres d'eau, y ajouter deux litres de lait, en humecter l'arbre gelé, et ensuite l'enduire avec de l'onguent de Saint-Fiacre ; puis on l'enveloppe de paille, pour le soustraire à l'influence solaire dont il aurait à souffrir. Si la gelée n'avait attaqué que des brindilles et des boutons à fruits, et que ceux-ci ne parussent pas susceptibles de se rétablir, il vaudrait mieux regreffer l'arbre en y mettant une espèce vigoureuse.

CHAPITRE VI.

Stérilité.

La stérilité n'est pas une maladie proprement dite, puisqu'elle peut être aussi bien la conséquence d'une santé trop vigoureuse que de l'épuisement des forces. Pour faire cesser ce mal et amener ou ramener la fertilité, il faut absolument rechercher les causes qui le produisent, avant de recourir à des moyens violents; car l'application de remèdes mal appropriés produirait très-souvent un effet contraire à celui qu'on cherche à obtenir et pourrait donner lieu à des maladies dangereuses, quelquefois même entraîner la mort.

CAUSES QUI ENGENDRENT LA STÉRILITÉ.

A. *Education vicieuse.*

Il arrive très-souvent qu'on fume le terrain des pépinières ; par ce moyen les jeunes arbres y poussent vigoureusement ; mais si on les transplante dans un terrain ordinaire ou médiocre, leur croissance s'arrête nécessairement et leur fructification se trouve retardée. Quelquefois la cause de ce retard tient à ce qu'on a semé des pépins provenant d'espèces tardives, comme la reinette dite de Borsdorf, par exemple. Les greffes placées sur ces sortes de sujets sont toujours lentes à se mettre à fruit. Les sujets venus de graine et qui n'ont pas été transplantés portent également très-tard, surtout les poiriers.

Le pivot de ces derniers pénètre profondément en terre sans produire de chevelu ; or, c'est là une cause grave de stérilité ; car le chevelu est indispensable à l'alimentation de l'arbre et par conséquent à sa fertilité. Il est donc avantageux de transplanter de bonne heure les jeunes sujets et de raccourcir leur pivot, ce qui les oblige à émettre une plus grande quantité de racines latérales. C'est le meilleur moyen d'obtenir la fertilité des arbres, surtout des poiriers. Il est généralement reconnu que des racines en petite quantité sont la source d'une fertilité précoce, mais aussi d'une vie courte, de même qu'une croissance vigoureuse produit une fertilité tardive, mais une longévité plus grande.

B. *Exposition défavorable.*

Si les arbres ont été plantés trop près les uns des autres, comme cela n'arrive que trop souvent, ils se gênent réciproquement ; leur croissance est retardée ou bien ils poussent trop dans le sens vertical. L'air et le soleil ne peuvent agir ni sur eux, ni sur le terrain, et la conséquence naturelle de cet état de choses est la stérilité. Le même effet se manifeste quand les arbres sont placés dans des lieux trop ombragés ; ils ne donnent alors que de faibles pousses allongées et ne forment ni brindilles ni lambourdes. Les arbres plantés sur des hauteurs où se font sentir les vents froids sont en général peu fertiles, parce que leurs boutons à fruits ne résistent guère à la gelée.

Dans les deux premiers cas il faut éclaircir les plantations en enlevant un arbre sur deux ; dans le dernier on peut mettre de la neige ou de la glace sur les racines, pour retarder la floraison autant que possible.

C. *Terrain contraire.*

Nous avons déjà dit qu'un arbre ne doit pas être remplacé par un autre de même espèce, par la raison que le premier a absorbé tous les sucs nécessaires à sa prospérité que contenait le sol, de sorte que le second, qui a besoin de ces mêmes sucs pour croître et fructifier, ne saurait en aucune manière les y rencontrer. Si cependant la symétrie d'une plantation exigeait ce remplacement, il faudrait enlever, sur une circonférence de deux mètres de diamètre et un peu moins de profondeur, la terre où l'ancien arbre a végété, et combler le vide avec de la terre nouvelle. Ce n'est qu'à cette condition que l'arbre nouvellement planté prospérera.

La stérilité vient aussi quelquefois de ce que le sol où les arbres ont été transplantés est trop différent de celui où ils ont été élevés ; il leur faut un certain temps pour s'habituer à cette différence. Si le sous-sol est formé de sable jaune, de gravier ou de rochers, les arbres s'arrêteront dès que leurs racines auront traversé la couche de terre végétale, et ne donneront plus ni pousses d'été, ni boutons à fruits ; ils resteront également stériles, fussent-ils d'une espèce des plus productives, s'ils sont dans un terrain maigre ; ils produiront à la vérité des boutons à fruits qui parviendront quelquefois jusqu'à la floraison, mais le défaut de nourriture les fera tomber, ou, s'il reste quelques fruits, ils n'atteindront pas leur grosseur normale.

Les arbres qui se trouvent dans ces conditions peuvent être ranimés par des engrais donnés avec circonspection, par l'ameublissement de la terre, par le nettoyage du tronc, etc.

Un terrain trop gras peut aussi amener la stérilité; elle provient dans ce cas d'un excès de sucs nutritifs qui, remplissant rapidement tous les vaisseaux, les élargissent d'abord, et se répandent ensuite dans toutes les ramifications, où ils déterminent la formation d'un grand nombre de longues branches gourmandes, mais point de bois à fruits. On remédie à cet inconvénient en mélangeant le sol trop gras avec des terres maigres, avec du sable, etc., en saignant l'arbre, en employant enfin l'un des remèdes ci-dessus indiqués.

D. *Espèces tardives.*

Il y a des espèces d'arbres fruitiers qui ne portent qu'après avoir atteint un certain nombre d'années et avoir accompli en grande partie leur croissance; parmi ces arbres on peut citer le Borsdorf d'hiver, qui est rarement productif avant l'âge de vingt ans.

Tous les moyens pour hâter la fructification de ces espèces échoueront généralement ; la nature suivra sa marche sans se laisser maîtriser.

D'autres forment leur bois à fruit périodiquement et fructifient de même ; c'est ainsi que nous trouvons certaines espèces de pommiers et de poiriers qui ne portent que tous les deux ans ; d'autres qui portent deux années de suite et se reposent la troisième ; d'autres enfin qui se préparent pendant deux ans et ne portent que la troisième. Les moyens indiqués plus bas pourront bien modifier, jusqu'à un certain point, ces sortes de particularités ; mais jamais ils ne pourront transformer la nature intime d'une espèce.

La stérilité, chez plusieurs variétés, ne provient souvent que de leur trop grande sensibilité aux intempéries pendant la floraison. Un certain nombre, au contraire, supporte toutes les variations atmosphériques pendant leur floraison, même le froid, et donne par cette raison presque tous les ans. Il y a des espèces qui fructifient annuellement parce que leur floraison a lieu quand tous les froids sont passés ; tel est, par exemple, le néflier.

Les personnes qui se proposent de faire des plantations nouvelles feront bien de s'informer à l'avance de la fertilité des espèces qui doivent entrer dans leur jardin [1].

E. *Vieillesse, épuisement des forces.*

On peut rendre et conserver pendant de longues années la fertilité à des arbres que l'âge a épuisés, par des cultures réitérées du sol, par des engrais, par le retranchement des branches mortes, par le grattement de l'écorce, etc. Quand ces moyens restent sans effet, il faut arracher l'arbre et le remplacer par un autre d'une espèce différente.

Si l'épuisement se manifeste sur un arbre encore jeune, mais fatigué par une fructification trop abondante, il faut venir à son secours en ameublissant le terrain autour de son tronc

(1) Il y a des catalogues qui indiquent la fertiliié de chaque espèce.

et en raccourcissant ses branches ; ce moyen est presque immanquable.

Souvent la prétendue stérilité d'un arbre n'est autre chose qu'une fertilité retardée par une croissance trop rapide. A mesure que celle-ci se ralentira l'arbre se mettra à fruit. Une pousse trop vigoureuse, une affluence trop considérable de sève, ne produisent que des branches à bois et ne permettent pas la formation des organes de la fructification.

La raison pour laquelle de jeunes arbres vigoureux ne portent pas de fruits, c'est qu'ils cherchent à acquérir leur développement avant de travailler à la propagation de leur espèce. Un arbre défectueux, maladif, porte souvent plus abondamment qu'un autre sujet en bonne santé, parce que sa sève ne circule que lentement ; mais cette fertilité ne sera pas de longue durée.

Il vaut généralement mieux abandonner les jeunes arbres trop vigoureux au cours de la nature que de les torturer. Ils porteront à la vérité leurs fruits plus tard, mais ils compenseront le temps perdu en produisant abondamment pendant plusieurs générations. Dieu, qui a si bien disposé la marche de la nature, a voulu que le géant du règne végétal, qui élève sa couronne orgueilleuse si haut, ne portât fruit que lorsqu'il a atteint un certain nombre d'années, afin qu'il ne consacrât pas ses forces à la nutrition de ses organes reproducteurs au détriment de la croissance de sa taille. Chez les animaux nous voyons également qu'une gestation trop précoce arrête la croissance.

Cependant la patience de l'amateur d'arbres est souvent mise à une rude épreuve, surtout lorsqu'il s'agit d'espèces nouvelles, rares ou inconnues. D'un autre côté, on voit fréquemment des arbres qui, d'après leur âge, leur taille et leur développement apparent, devraient être à fruit, n'en produire aucun. Chez ces derniers il faut chercher à obtenir la fertilité en entravant la circulation trop rapide de la sève, afin de lui donner le temps de produire des boutons à fruits.

Les moyens qu'on peut employer à cet effet sont :

1° Saignées.

Pour que ce remède conduise au but qu'on se propose ici, l'entaille ne doit pas être faite en ligne droite sur le tronc, comme à l'ordinaire, car l'irritation causée par cette opération augmenterait la pousse et nuirait par conséquent à la fertilité ; il faut dans ce cas la pratiquer en zig-zag ou en forme de serpent, afin qu'un grand nombre de vaisseaux soient coupés, que la sève ne circule ni si abondamment ni si rapidement, et que la formation des boutons à fruits soit favorisée. Ce moyen a toujours été reconnu comme très-efficace, surtout pour les arbres à pepins. Quant aux arbres à noyaux, il ne faut l'employer qu'avec précaution, parce qu'il détermine facilement la gomme. Cependant il peut être pratiqué sur les branches gourmandes de ces derniers.

2° Courbure des branches.

La tension violente de l'écorce produite par la courbure force la sève, qui ne peut circuler que difficilement à travers les canaux bouchés, à s'élaborer davantage, à prendre plus de maturité, et la dispose ainsi à former le germe des boutons à fruits.

On parvient par ce moyen à rétablir l'équilibre dans les arbres qui ne poussent que d'un côté, en dirigeant la sève ascendante dans les parties dont la croissance s'est ralentie. A cet effet, on détache les branches paresseuses des espaliers et on les laisse en liberté. On fait cesser la courbure lorsque toutes les parties de l'arbre ont atteint un égal développement. C'est ainsi encore qu'on maîtrise les branches gourmandes, qui ne tardent pas à se mettre à fruit quand on les traite de cette manière.

3o Torsion des branches et des rameaux.

La torsion est aussi fréquemment employée que la courbure pour hâter la fructification; elle produit le même effet et s'opère de la manière suivante :

On saisit avec les deux mains, à chacune de ses extrémités, le rameau sur lequel on veut agir. On tord alors la branche d'une main dans un sens et de l'autre dans le sens contraire, comme si on voulait détordre une corde. Un pomologue assure que ce moyen est tellement efficace qu'il a été obligé de cesser d'en faire usage, parce que ses arbres ne formaient plus de bois et ne produisaient que des boutons à fruits. On ne devra donc l'employer que lorsque les autres moyens seront restés sans résultat.

4° Brisement des branches et des rameaux.

Avant de procéder de cette manière, il faut bien se rendre compte de la force de l'arbre sur lequel on veut opérer et de la quantité plus ou moins considérable de ses branches et de ses rameaux.

Sur des sujets d'une grande vigueur, on peut casser le cinquième ou le quart des branches, mais jamais au-delà ; car, si on les brisait toutes, elles produiraient bientôt une telle quantité de fruits que l'arbre finirait par périr d'épuisement.

L'horticulteur Schabel, qui conseille cette opération aussi bien que la précédente, la pratiquait du 15 juin au 15 juillet, ou bien à l'époque de la taille, à l'issue de l'hiver. Par ce moyen, les arbres les plus vigoureux de son jardin sont devenus les plus fertiles; mais il est tellement violent qu'on ne doit en user que sur des arbres à pépins, et tout au plus sur les branches gourmandes des arbres à noyaux. Quant aux arbres en rapport, mais qui manquent de vigueur, ce remède ne doit jamais leur être appliqué.

5º Taille pendant que la sève est en mouvement.

Ce moyen, qui est immanquable, produit les deux effets suivants : il arrête la sève et détermine une abondante transpiration par les plaies qu'a produites la taille. La sève, ainsi maîtrisée, circule moins vivement; elle est mieux travaillée, mieux filtrée; elle fait gonfler les boutons à bois, qui sont transformés l'année suivante en boutons à fruits. On n'enlève d'abord à l'arbre que les branches mal placées ou superflues; plus tard, quand la sève a alimenté les nouvelles pousses, on retranche aussi une partie de ces dernières.

6° Ligature des branches.

On emploie pour cette ligature un cordon de chanvre, qu'on serre fortement autour du tronc, à l'endroit où les branches prennent naissance, si l'arbre est vieux, un peu plus haut si le sujet est jeune. On peut aussi se servir d'un fil de fer mince et recuit, auquel on fait faire plusieurs tours, et qu'on assujettit aux deux extrémités.

Cette ligature se fait de préférence au printemps ; on doit la laisser jusqu'au printemps suivant. Elle produit bientôt au-dessus et au-dessous d'elle un bourrelet qui fait avancer de beaucoup la fructification. Ce remède est le moins violent de tous, mais il reste quelquefois sans effet sur des arbres très-vigoureux.

7° Lien ou anneau fructifère de Fischer.

En février ou au commencement de mars, avant que la sève se mette en mouvement, on creuse le sol tout autour de l'arbre jusqu'à la naissance des grosses racines. Immédiatement au-dessus d'elles on choisit une place bien unie, et on entoure l'arbre d'un fil de fer ou de laiton recuit, de la grosseur d'une aiguille à tricoter, auquel on ne fait faire qu'un tour. On le serre fortement en tordant ses extrémités et on l'enfonce avec un marteau jusque sur le bois; on referme le trou; on continue à bêcher autour de l'arbre, puis on amoncèle la terre à $0^m,35$ environ au-dessus de cette ligature.

Cette opération a pour but de faire naître au-dessus du fil un bourrelet d'où sortira un abondant chevelu, qui, en se répandant tout autour de l'arbre, aspirera dans la couche supérieure du sol une nourriture plus substantielle que celle qu'il trouve à une plus grande profondeur. Ce moyen est surtout utile pour les arbres qui n'ont pas été transplantés, et qui ont de grands pivots dépourvus de chevelu, comme par exemple les poiriers.

8° Retranchement d'une forte racine.

Ce moyen prive l'arbre de la partie surabondante de sa nourriture; les boutons peuvent alors se développer plus facilement, parce que la sève coule plus lentement, et par conséquent s'élabore mieux. Ce procédé doit toutefois être employé avec beaucoup de prudence ; dans tous les cas, il faut bien unir la plaie et la recouvrir de ciment, afin qu'elle ne soit ni attaquée par le chancre ni rongée par les insectes.

9° Pavage du fond de la fosse à l'époque de la plantation.

Pour empêcher que les racines de certaines espèces d'arbres très-pivotantes (entre autres les poiriers, lorsqu'ils sont greffés sur sauvageons) ne s'enfoncent trop avant dans le sol, on met des briques ou des cailloux sous leurs racines, à un mètre au moins de profondeur. Aussitôt que ces dernières atteignent les pierres, elles sont obligées de se courber et de chercher un autre passage ; elles se dirigent donc de côté et s'étendent davantage dans la couche supérieure, où elles trouvent une nourriture plus substantielle. Par là on empêche les canaux de la sève de trop s'élargir et on force cette dernière à circuler plus lentement, ce qui, en arrêtant le développement d'un trop grand nombre de boutons à bois, favorise la formation de ceux à fruits.

Ce moyen doit être employé principalement dans les terrains noirs et substantiels.

10° Arrachage et replantation.

Un moyen non moins efficace pour mettre à fruit un jeune arbre trop vigoureux consiste à l'arracher et à le replanter. L'effet qui en résulte est facilement appréciable dans les arbres fruitiers plantés en pots. En les déplantant on brise une certaine quantité de racines, ce qui arrête le développement d'un grand nombre d'autres, et la sève, coulant plus lentement, tend à produire beaucoup de boutons à fruits.

11° Engrais.

Un des engrais qui exercent l'influence la plus bienfaisante tant sur le volume que sur la qualité des fruits est le sel de cuisine. Plusieurs essais comparatifs ont démontré que, pour certains arbres et arbustes fruitiers, comme par exemple les framboisiers, les groseilliers, etc.; cet engrais l'emporte sur tous les autres.

On répand le sel sur la surface du sol, qu'on en couvre entièrement tout autour de l'arbre ou de l'arbuste aussi loin que s'étendent les branches et les rameaux. « Le sel, dit M. Dit-« trich dans son *Manuel* (t. II, p. 596), s'il « n'est pas donné en trop grande dose, est « favorable aux arbres; l'excès seul leur est « nuisible et peut causer leur mort. Toutes les « eaux qui contiennent des sels en dissolution, « par exemple les saumures, sont d'excellents « engrais pour les arbres, mais il faut qu'elles « soient étendues d'eau. On peut en arroser « les arbres plusieurs fois dans une année. »

Un engrais extrêmement énergique, très-utile surtout pour donner une nouvelle impulsion aux vieux arbres qui ne portent plus de fruits, consiste en un mélange de parties égales de fumier de poules et de pigeons.

Au printemps, on creuse la terre autour du tronc dans toute l'étendue de la couronne des racines, sans descendre cependant trop profondément; car le fumier qu'on répand dans l'excavation ne doit pas se trouver en contact avec elles ; ensuite on le recouvre de terre. Des arbres ainsi amendés portent pendant cinq ou six ans sans interruption.

Un autre engrais encore supérieur au précédent se prépare de la manière suivante : on met dans une futaille un double décalitre de bouse de vache, autant de crottin de moutons, et un décalitre de fiente de pigeons ; on place cette futaille au soleil pendant une quinzaine de jours, et on verse sur le mélange de l'urine d'animaux ou des eaux grasses de cuisine, de façon que le crottin en soit entièrement recouvert ; on remue tous les jours le mélange plusieurs fois. Deux litres de cette eau versée sur les racines d'un arbre dès le commencement du printemps, après qu'on a préalablement ameubli la terre, suffisent pour stimuler extraordinairement la végétation.

L'urine qui s'écoule des écuries ou des dépôts de fumier, étendue d'eau, est un engrais très-actif ; employé avant l'hiver, il ne nuit jamais, à moins qu'on ne s'en serve trop souvent ou en trop grande quantité.

Le sang est encore un des engrais les plus actifs; on peut l'employer seul ou mélangé de terre. Dans ce dernier cas, on fait une petite fosse dans un coin ombragé du jardin, on y jette de la terre de route ou autre, qu'on arrose de sang, et on mélange aussi parfaitement que possible. Chaque fois qu'on ajoute du sang, il faut apporter une quantité de terre proportionnelle. On remue le tout de temps à autre. Au bout de quelques mois, cet engrais peut être employé sur les racines des arbres. C'est un excellent stimulant pour rendre aux sujets affaiblis une nouvelle vigueur et pour leur faire pousser beaucoup de branches à bois et à fruits.

12° Incision annulaire.

L'emploi de ce moyen, déjà connu du temps de Virgile (il y a dix-huit cents ans), a été alternativement vanté et proscrit dans les temps modernes. L'abus qu'on en a fait, et qui a quelquefois causé la mort des arbres qu'on voulait faire fructifier, l'a fait presque entièrement abandonner de nos jours; on n'en parle plus guère dans les ouvrages qui traitent de la culture des arbres.

Cependant, employé avec la discrétion nécessaire, et dans les proportions indiquées plus bas, ce procédé n'a jamais cessé de produire des effets salutaires, qu'il est facile de reconnaître aux signes suivants :

1° Les sujets stériles deviennent productifs;

2° Les arbres en fleur nouent plus facilement leurs fruits;

3° Non-seulement ces derniers mûrissent de huit à quinze jours plus tôt, mais ils deviennent plus gros et plus savoureux.

L'incision annulaire consiste à enlever sur une ou plusieurs branches ou sur le tronc même, et en pénétrant jusqu'au bois, un anneau d'écorce dont la largeur varie suivant le diamètre et la vigueur du sujet sur lequel on veut opérer. Il faut avoir soin de se servir d'une serpette bien tranchante.

Sur des branches de $0^{m},025$ de diamètre, la largeur de l'anneau ne doit pas dépasser $0^{m},003$ à $0^{m},004$. Les branches de $0^{m},055$ de diamètre peuvent supporter une incision de

0^m,005 à 0^m,006, et ainsi de suite, en augmentant la largeur de l'anneau de 0^m,001 à 0^m,002 pour chaque augmentation de 0^m,03 de diamètre de la branche.

Cependant, même sur les branches les plus fortes, la largeur de l'anneau ne doit jamais aller au delà de 0^m,015 à 0^m,020; sans cela, l'incision ne se refermerait pas dans l'année, et l'arbre ou la branche serait exposé à périr l'hiver suivant.

Cette opération ne doit être pratiquée que sur des sujets forts et vigoureux, surtout lorsqu'on veut faire l'incision au-dessous de la couronne des branches. Des sujets débiles n'y résisteraient pas. On ne doit pas non plus la faire sur toutes les branches d'un arbre dans la même année. Aussitôt que la plaie est ressuyée, il faut la recouvrir d'onguent ou de cire à greffer; car en la laissant à nu on pourrait occasionner des maladies. Les vignes seules, à cause de l'abondance de leur sève, n'exigent pas cette précaution, puisque leurs blessures se referment souvent au bout de quelques semaines.

Quoique, d'après quelques auteurs, toutes les espèces d'arbres fruitiers puissent supporter l'incision annulaire, nous ne conseillons pas de la tenter sur les arbres à noyaux, chez lesquels elle détermine souvent la production de la gomme ; d'ailleurs les branches de ces derniers se mettent généralement à fruit de bonne heure.

L'incision annulaire convient surtout aux pommiers, aux poiriers et à la vigne, sur lesquels elle produit les résultats les plus satisfaisants. Sur la vigne en particulier, elle prévient non-seulement la chute des grains, si considérable dans certaines années, mais encore elle contribue à faire grossir le raisin et à hâter sa maturité de huit à dix jours.

L'époque la plus favorable pour faire cette opération sur la vigne est celle de la floraison. L'incision peut être pratiquée aussi bien sur le vieux que sur le jeune bois ; dans ce dernier cas, si l'on opère sur un cep que l'on ait besoin de courber, il faut le bien attacher au-dessus de l'incision pour éviter qu'il casse.

Quant aux arbres fruitiers qui fleurissent souvent sans porter de fruits, l'incision doit être faite entre l'époque de la floraison et celle où le fruit se noue. On empêche par là, non-seulement la chute des fruits, mais encore on hâte leur maturité de huit ou dix jours, ce qui est précieux quand il s'agit d'espèces tardives.

Sur les arbres qui n'ont encore rien produit, sur ceux dont on désire connaître l'espèce le plus tôt possible afin de savoir s'ils méritent d'être conservés, on peut pratiquer l'incision depuis le milieu de mars jusqu'au milieu ou même jusqu'à la fin d'avril. Si les fruits, que l'on obtiendra à coup sûr par ce procédé, ne répondent pas à l'attente, on regreffe les sujets avec de meilleures espèces ou on les remplace. Quand on veut opérer sur de grands arbres, il vaut mieux faire l'incision sur des branches verticales que sur celles qui s'étendent horizontalement, parce que, sur ces dernières, le point où l'incision a été faite supporterait difficilement sans se casser le poids des fruits à l'époque de la maturité.

CONCLUSION.

Le meilleur moyen de conserver les arbres fruitiers en bonne santé et de les préserver des diverses maladies décrites dans ce Traité est de chercher à en prévenir les causes. On parviendra facilement, par l'étude d'après nature des maladies que nous avons cherché à décrire, à en reconnaître l'origine, d'après les symptômes que nous avons indiqués, et à y appliquer les remèdes nécessaires. En général, les arbres seraient bien moins sujets aux maladies :

1° Si on connaissait bien le terrain dans lequel on veut planter ;

2° Si on choisissait les arbres d'après la nature du sol, si, par exemple, dans un terrain maigre ou sablonneux, on ne plantait que des sujets greffés sur franc, s'ils sont destinés à des quenouilles ou à des fuseaux, et sur sauvageons, si l'on veut des plein-vent et des sujets de longue vie ;

3° Enfin si, lors de la plantation des arbres, au lieu de les placer dans des trous trop petits et remplis avec la terre qu'on en a retirée, on creusait des fosses d'un mètre au moins en tous sens dans lesquelles on environnerait les racines d'une bonne terre substantielle, mélangée de gazons ou de terre de route.

Tant que les propriétaires ignoreront les principes les plus élémentaires de toute plantation raisonnée, ils ne devront pas s'étonner si, parmi les arbres qu'ils achètent et qu'ils destinent au même but, auxquels il désirent voir atteindre le même développement, il se trouve des sujets greffés sur paradis, sur coignassiers, d'autres sur franc et sur sauvageon, ce qui produira dans le même terrain, sur une même ligne, des arbres forts, médiocres et faibles, sans que l'acheteur sache à quoi attribuer la cause de cette différence.

Dans un sol maigre, sablonneux et aride, surtout si le sous-sol est graveleux, aucun pommier greffé sur paradis, aucun poirier greffé sur coignassier ne prospérera. Pour avoir dans un semblable terrain des sujets forts et vigoureux, et qui fournissent une longue carrière, il faut prendre pour les quenouilles et les fuseaux des sujets greffés sur franc, car plus le terrain est maigre et brûlant, plus les sujets sur lesquels on veut greffer doivent être forts.

A l'époque où je fis l'acquisition de mon jardin du Sablon, tous ceux qui me virent faire des plantations m'assurèrent que les poiriers ne prospéraient point dans ce terrain aride et brûlant, et qu'ils mouraient au bout de peu de temps. Ils avaient en partie raison : une expérience de six ans m'a prouvé que la plupart des poiriers greffés sur coignassiers sont morts ou n'ont fait que languir, de même que les pommiers greffés sur paradis, tandis que les poiriers et les pommiers greffés sur franc ont résisté non-seulement aux deux étés brûlants de 1842 et de 1846, mais encore qu'ils poussent vigoureusement et sont bien garnis de branches à bois et de boutons à fruits.

FIN.

Paris. — Imprimerie d'A. René, rue de Seine, 32.

TABLE DES MATIÈRES.

FIN DE LA TABLE.

www.ingramcontent.com/pod-product-compliance
Ingram Content Group UK Ltd.
Pitfield, Milton Keynes, MK11 3LW, UK
UKHW020321180726
13839UKWH00002B/508